Wander in the Mathematical Garden

漫游数学园

王云秀 ● 编著

哈尔滨工业大学出版社

HARBIN INSTITUTE OF TECHNOLOGY PRESS

数学·数学奥林匹克系列

内 容 简 介

本书是一本探究数学分支的来龙去脉,讲述与数学专题有关的奇闻轶事的书籍,作者以散文的笔触,娓娓道来,逻辑清晰,文字流畅,用词准确.本书所选的故事内容丰富多彩、引人入胜,主要包括数学史话、妙趣话题、教材相关、数学游戏、扩大视野五章内容,介绍了 π 的面面观、尺规作图的三大难题、斐波那契数列的基本性质与通项公式、魔幻的拉丁方等有趣的数学内容.

本书可供各年龄段学生,数学教师和数学爱好者阅读.

图书在版编目(CIP)数据

数苑漫步/王方汉编著. —哈尔滨:哈尔滨工业大学出版社,2024.1

ISBN 978 - 7 - 5767 - 1176 - 9

Ⅰ.①数… Ⅱ.①王… Ⅲ.①数学－普及读物 Ⅳ.①O1－49

中国国家版本馆 CIP 数据核字(2024)第 010505 号

SHUYUAN MANBU

策划编辑	刘培杰 张永芹
责任编辑	关虹玲
封面设计	孙茵艾
出版发行	哈尔滨工业大学出版社
社　　址	哈尔滨市南岗区复华四道街 10 号　邮编 150006
传　　真	0451 - 86414749
网　　址	http://hitpress.hit.edu.cn
印　　刷	哈尔滨久利印刷有限公司
开　　本	787 mm×1 092 mm　1/16　印张 12.25　字数 196 千字
版　　次	2024 年 1 月第 1 版　2024 年 1 月第 1 次印刷
书　　号	ISBN 978 - 7 - 5767 - 1176 - 9
定　　价	58.00 元

自序

◎

数学是什么？数学是文化、是艺术、是技术、是工具、是语言、是符号游戏、……，这些都可作为对数学的诠释，但却不能概括数学的全部特点．

华罗庚(1910—1985)曾经把数学比喻为花园．他说："数学本身有无穷的美妙．认为数学枯燥乏味，没有艺术性，这看法是不正确的，就像站在花园外面，说花园里枯燥乏味一样．只要你踏进了大门，随时随地都会发现：数学也有许许多多趣味的东西．"

数学的历史是重要的，它是人类文明史的一个重要组成部分．了解历史，是为了今天．我们不仅从历史中汲取力量，还把历史作为一面镜子，作为自己学习和奋斗的起点．

陈省身(1911—2004)有一段名言："我们欣赏数学，我们需要数学！"

漫步于数学之苑，追寻数学大师的足迹，探究数学分支的来龙去脉，讲述与数学专题有关的奇闻轶事，在趣味的学习中享受数学之美，欣赏数学之妙，这就是本书的书名《数苑漫步》的寓意．

1994 年 4 月,湖北省著名特级教师、武昌实验中学原副校长、奥林匹克金牌教练刘楚烟(1939—2002)曾邀请笔者参与《学生科学大世界》这套丛书其中一本的写作,书名就是《数苑漫步》.此书于 1995 年 8 月由民主与建设出版社出版.

　　笔者在撰写该书时,参考了一百多部文献资料(有书名留存),史料翔实,内容丰富.全书以散文的笔触,娓娓道来,逻辑清晰,文字流畅,用词准确,总之是一部力作,但被"湮没"在这套丛书当中.

　　这次承蒙哈尔滨工业大学出版社的垂青,得以修订并再版.现将原书 21 节内容扩充为 44 节,秉承洒脱、缜密、妥帖的写作风格,内容更丰富多彩,故事更引人入胜,读来更兴味盎然.

　　需要说明的是,本书并不完全是史实或资料的编撰,有些地方写出了笔者的个人心得.从这个意义上讲,确有"著"的意味.

　　博古览今,开卷有益.本书可供各年龄段学生,数学教师和数学爱好者阅读,以扩大视野,增长知识,提高兴趣.

　　人类的智慧开拓着数学的新天地;数学的新天地开拓着人类的智慧!

王方汉
2022 年 8 月 31 日
于上海

◎ 目 录

第 1 章　数学史话 //1

　第 1 节　从"0"谈起 //1

　第 2 节　话说数学符号 //3

　第 3 节　形形色色的进位制 //6

　第 4 节　回文数与回文诗 //10

　第 5 节　无理数"无理"吗 //13

　第 6 节　虚数的历程 //16

　第 7 节　π 的面面观 //19

　第 8 节　方程趣闻 //23

　第 9 节　漫话对数 //28

　第 10 节　中国古代数学的瑰宝——杨辉三角 //30

第 2 章　妙趣话题 //34

　第 11 节　美丽的正五角星 //34

　第 12 节　奇妙的"缺 8 数" //39

　第 13 节　"走马灯数"走马看花 //42

　第 14 节　"黑洞数"传奇 //45

第 15 节　连分数与日月食　//49

第 16 节　尺规作图的三大难题　//52

第 17 节　从正多边形的作图到费马素数　//55

第 18 节　正偶数与自然数谁多谁少　//61

第 3 章　教材相关　//65

第 19 节　斐波那契数列的基本性质与通项公式　//65

第 20 节　妙趣横生的斐波那契数列　//70

第 21 节　用中文命名的"中国剩余定理"　//76

第 22 节　函数图画欣赏　//82

第 23 节　正方体趣探　//88

第 24 节　圆锥曲线的应用及渊源　//91

第 25 节　"俏皮"的费马点　//94

第 4 章　数学游戏　//99

第 26 节　九宫格与《射雕英雄传》黄蓉　//99

第 27 节　神奇的幻方　//102

第 28 节　魔幻的拉丁方　//105

第 29 节　充满智慧的数独　//108

第 30 节　谜一样的角谷猜想　//111

第 31 节　益智又好玩的七巧板　//114

第 32 节　猴子分栗子的趣题　//120

第 33 节　田忌赛马中的数学　//124

第 5 章　扩大视野　//127

第 34 节　图形的分割与拼合　//127

第 35 节　正三角形分成四块的拼合问题　//130

第 36 节　一笔画——哥尼斯堡七桥问题　//136

第 37 节　地图着色——四色定理　//139

第 38 节　凸多面体的示性数问题　//141

第 39 节　平面铺砌的万花筒　//143

第 40 节　用正多边形铺砌　//147

第 41 节　欧氏几何与非欧几何　//152

第 42 节　并不模糊的模糊数学　//155

第 43 节　从算盘到电子计算机　//158

第 44 节　数学史上的三次数学危机　//160

参考文献　//163

数学史话

第 1 节　从"0"谈起

万事都从 0 开始.这本小册子就从"0"谈起.

"0"是什么时候产生的呢？谁也无法准确地说出来.据一些数学史家考证,它大约产生于公元 5 世纪的印度.

在实际生活中,人们需要数数.最先认识的是 $1,2,3,\cdots$,这些数叫作自然数.一个自然数减去它本身,就没有什么剩下的了."没有",就是 0 的最初含义,这个含义至今仍保留着.现在的拉丁文中,unllum(意思是没有)表示 0.

0 的诞生给数位计数法带来了极大的方便.那什么是数位计数法呢？就是一种既要看数码,又要看数码放在什么数位上的一种计数方法.十进位计数法中,"逢十进一"是大家所熟悉的.

在引入 0 这个记号前,人们总是空着没有数码(指 1 到 9)的数位.这样计数很不方便,也容易使人混淆.例如,中国古时候就把数 1 024 记为图 1.1 所示的样子.宋朝的一本书上,就把 0 写成口(方框),把 118 098 写成十一万八千口口九十八,这两个口口表示百位上空着.元代刘瑾(13 世纪)所著的《律吕成书》(注："律吕"是音律的意思)中就有 0 的记载,那里把 0 写成口(方框).

图 1.1

1

中国人用毛笔写草书体的口时,笔画的顺序是:从左到右、从上到下、再从右到左、从下到上,快写就成了现代的写法"0".

1.25 等于 1.250 0 吗? 当然等于! 在近似计算里,这两个数字可有讲究呢.1.25 表示精确到小数点后两位,而 1.250 0 表示精确到小数点后面四位,它们的精确度不同.

有时候,人们把 0 写到其他数的前面,用来表示序号,例如,第 003 号图纸,这里的 003 表示:这类图纸最多可以编号到 999,这张图纸是其中的第 3 号.

0 的性质是非常独特的.

0 是整数集合中的一个元素,是大于负整数而小于正整数的唯一的元素.

凡是能被 2 整除的数叫作偶数.因为 0 除以 2 等于 0,整除了,所以 0 是偶数.0 的约数有无穷多个,任何非零的整数都是它的约数.换句话说,0 是任何不等于 0 的整数的倍数! 这是任何其他的整数不可比拟的.

在数学王国里,0 的足迹遍及各个角落.你可任写一个数,它都包含 0 的存在.不信,咱们随便写一个数 a 吧,总有 $a+0=a$,0 就在里面!

0 是具有自我牺牲精神的.任何一个数减去 0,这个数丝毫都不会改变.请看:$a-0=a$,难道不是这样的吗?

0 与其他数相乘或相除时,又是一番美妙的情景:

$0 \times a=0; 0 \div b=0$ 或者 $\frac{0}{b}=0(b \neq 0)$,0 的这个性质称为同化性.

0 的性质是随和的,但也有固执的时候:

0 不愿意去除别的数,不愿意作为分母去冒充分数,因为 0 不愿意去干一些没有意思或没有意义的事情.

0 除以 0 的商是不确定的.所谓 0 除以 0,就是要找出某数与 0 相乘得 0,这样的数可多得很呢! 可见,0 除以 0 是没有意义的事情.

0 去除某个非 0 的数,相除的商是不存在的.随便写个"0 除 1"吧,你能找到一个数,它乘以 0 等于 1 吗? 肯定找不到! 这是一件没有意义的事情.

0 的这个固执的脾气给初学数学的人添了一些小小的麻烦.下面的写法是没有意义的:

0^0(0 的 0 次幂).

lg 0(0 的常用对数).

cot 0(0 弧度角的余切).

然而,在某些特殊情况下,人们又把似乎没有意义的数学符号特别规定了它的意义.例如:

2

$0! = 1$(0 的阶乘等于 1).

$C_n^0 = 1$(从 n 个不同元素中取出 0 个元素的组合数等于 1).

这是什么缘故呢? 原来这些规定:一是必要,二是合理,大家乐于接受.

0 又是一个活泼的数. 在不同的场所,人们给它换上漂亮的外衣,把它打扮得婀娜多姿:

$\lg 1 = 0$(1 的对数等于 0).

$\sin 0 = 0$(0 弧度角的正弦等于 0).

$\cos \dfrac{\pi}{2} = 0$($\dfrac{\pi}{2}$ 弧度角的余弦等于 0).

$\lim\limits_{n \to \infty} \dfrac{1}{n} = 0$(当 n 趋向于无穷大时,$\dfrac{1}{n}$ 的极限等于 0).

……

在高等数学中,0 依然扮演着重要的角色:

在行列式中,如果有一行(或一列)元素全为 0,那么这个行列式的值为 0.

极限为 0 的变量叫作无穷小量.

0 的导数等于 0.

0 的微分等于 0.

0 在任何有限区间内的积分等于 0.

……

啊! 0 是平凡的,又是不平凡的. 让我们从"0"开始,阅读《数苑漫步》这本书吧!

第 2 节　话说数学符号

在小学算术里,我们认识了自然数 $1,2,3,\cdots$,分数 $\dfrac{1}{2},\dfrac{4}{3},\cdots$,小数 $0.3,0.02,\cdots$,圆周率 $\pi = 3.14\cdots$,并经常用这些数进行 $+$、$-$、$\times$、$\div$ 四则运算. 这些数字符号和运算符号已经成为我们的朋友.

那么 $1+2$ 表示什么呢? 它可以表示一个人加上两个人,也可以表示一棵树加上两棵树,还可以表示其他的事物. 数学符号可以代表广泛的客观事物,简明适用,这是其他语言无法比拟的,也是数学符号的威力和奥秘所在.

那么数学符号有多少个呢? 据统计,初、高等数学中经常使用的数学符号有两百多个,中学数学中常见的数学符号有一百多个.

3

表示数字的字母及表示几何图形的符号,叫作元素符号.可用 a,b,c 表示已知数,x,y,z 表示未知数.在证明两个三角形全等时,用(S,S,S)表示三边对应相等,用(S,A,S)表示两边及夹角对应相等,用(A,A,S)表示两角及一边对应相等,还有虚数单位 i,自然对数的底数 e,数 $1,2,0.25,\frac{1}{2}$ 等,这些都是元素符号.

$+$、$-$、$\times$、$\div$ 表示数之间的加法、减法、乘法、除法运算.这种表示按照某种规则进行运算的符号,叫作运算符号.两个集合的并($\cup$)、交($\cap$)、补($\complement_U$)、根号($\sqrt{}$)、对数($\log,\lg,\ln$)、不定积分($\int$)、定积分($\int_a^b$),这些都是运算符号.

等号($=$)、近似等号($\approx$)、不等号($\neq$)、大于号($>$)、小于号($<$),这些符号表示数或式子之间的关系,叫作关系符号.例如,平行符号($\parallel$)、垂直符号($\perp$)、正比例符号($\propto$)、属于符号($\in$)、子集符号($\subseteq$)等都是关系符号.

在数学中,还有一种大家约定的符号,表示特定的含义或式子.例如,因为($\because$)、所以($\therefore$)、n 的阶乘($n!$)、排列数(A_n^m)、组合数(C_n^m)等,这些叫作约定符号.

还有一些数学符号,例如圆括号( )、方括号[ ]、花括号{ }等,叫作辅助符号,又叫作结合符号.

数学世界真是一个符号的大千世界!

那么数学符号是怎样产生的呢?

我国是世界上文化最早发达的国家之一.数码这种元素符号,早在公元前一两千年就在我国产生了.西汉时期刘向(约公元前77—公元前6)写的《世本》中,就有这样一句话:"黄帝时,隶首作数."公元前一千年左右,文王周公所撰《易系辞》中就有"上古结绳而治,后世圣人易之以书契"的记载.

在代数中,最早使用一整套数学符号的,一般认为是古希腊的丢番图(Diophantus,约公元前330—公元前246).后人把他的代数称为缩写代数,而把古埃及、古巴比伦人的代数称为文字叙述代数.这种文字叙述代数,一直持续到欧洲文艺复兴时期.

15 世纪,在德国人瓦格涅尔的《算术》(1482)和韦德曼的《各种贸易用的最优速算法》(1489)中,首先使用"$+$"和"$-$"这两个符号,表示箱子重量的"盈"和"亏",后来才被数学家用作加号和减号.乘号"$\times$"是 17 世纪的英国数学家欧德莱最先使用的.除号"$\div$"是由 17 世纪的瑞士人拉恩创造的.

等号"$=$"是英国的列科尔德在论文《砺智石》中提出的.方括号"[ ]"和花

4

括号"{ }"是法国数学家韦达(Viete,1540—1603)引入的.冒号":"是法国数学家笛卡儿(Descartes,1596—1650)首先采用的.相似"∽"、全等"≌"、微分"dx"符号是由德国数学家莱布尼兹(Leibniz,1646—1716)创造的.

导数符号"$f'(x)$""y'"是由法国数学家拉格朗日(Lagrange,1736—1813)创造的.不定积分符号"$\int$"是瑞士数学家伯努里(Bernoulli,1654—1705)首先使用的.定积分符号"$\int_a^b f(x)\mathrm{d}x$"是由法国数学家傅里叶(Fourier,1768—1830)发明的.

数学家欧拉(Euler,1707—1783)一生创造了许多数学符号,如圆周率"π"、自然对数的底数"e"、正弦"sin"、余弦"cos"、正切"tan"、求和"$\sum$"、函数"$f(x)$"等.法国数学家柯西(Cauchy,1789—1857)也是位符号大师,行列式

"$\begin{vmatrix} a_{11} & a_{12} & \cdots & a_{1n} \\ a_{21} & a_{22} & \cdots & a_{2n} \\ \vdots & \vdots & & \vdots \\ a_{m1} & a_{m2} & \cdots & a_{mn} \end{vmatrix}$"的两条竖线是他于1841年引进的.

上述内容列举了数学中一部分符号的来历,从中可以看出,数学符号是人类集体智慧的产物,是一代代数学家的心血结晶.

科学的发展,不断对数学提出新的要求.数学发展的进程中,不断产生新的数学符号,同时逐渐淘汰那些不适用的数学符号.

中国古代的数学也有自己的一套符号,在历史上曾起过积极的作用,但与西方比较,自显繁复,且不便应用.

举个例子.20世纪初,在《普通新代数教科书》(清光绪三十一年,即1905年)中,仍把未知数 x,y,z 写成天、地、人,把已知数 a,b,c 写成甲、乙、丙,把数字1,2,3写成一、二、三,把+(加)、−(减)写成篆文中的⊥(上)、丅(下),这样一来,本来很普通的式子

$$\frac{x^2}{5a} - \frac{y^3}{3b} + \frac{27}{c^2}$$

就写成了十分艰涩烦琐的形式:(图2.1)

图 2.1

5

中国用方块字砌成的符号当然属于淘汰之列.辛亥革命(1911年)之后,我国开始系统地采用现代数学符号,1919年五四运动之后才完全普及.

由于现代数学符号含义确定、表达简明、使用方便,从而极大地推动了数学的发展.

在数学中,有人把17世纪叫作天才的时期,把18世纪叫作发明的时期.在这两个世纪,为什么数学有较大的发展并取得了较大的成就呢? 究其原因,恐怕与创造了大量的数学符号有密切的联系!

有的专家甚至指出:中国古代数学领先,但近世落后了,原因之一就是中国没有使用先进的数学符号,阻碍了数学的发展.这话虽有所偏颇,但的确道出了数学符号对数学发展的重要作用!

数学符号威力巨大,魅力无穷.它是数学中特殊的"文字",记录和传递着丰富的数学信息;它是无声的"音符",在人们心灵深处激荡出美妙的乐章;它更是深奥严谨的数学理论的"源泉",滋润着人类文明之花.重视对数学符号的学习和使用吧! 只有这样,才能使我们的思维更加的敏捷、严谨和深刻.

第3节　形形色色的进位制

十进位制计数法是大家熟悉且应用最多的一种计数法.

在我国周代的《易经》一书中,就有"万有一千五百二十"的记载,说明早在两千多年前我国就有了十进制.公元6世纪,东汉时期著名的历算家甄鸾(约535—578)在注东汉徐岳(? —220)所著的《数术拾遗》中,就有"万万为亿,万万亿为兆,万万兆为京"的说法.

在现代,用十进制表示一个很大的数是十分简单的事情,但在古代却并不那么轻松.例如数字8 732在古埃及人写来是这样的:

这里的 🪝 代表千位,有八个,表示八千;ℰ代表百位,有七个,表示七百;∩代表十位,有三个,表示三十;∩代表个位,有两个,表示二.整个就表示八千七百三十二,即8 732.

而在古罗马时期,会把数8 732写成

6

MMMMMMMM DCC XXX II

这里 M 代表一千,D 代表五百,C 代表一百,X 代表十,I 代表一.

我们知道,光在真空中的传播速度为每秒钟三十万公里.三十万就是 300 000,可以写成 3×10^5,这就是科学计数法.

有人可能会说,3×10^5 比 300 000 并没有简单很多,别忙,请再看一个例子:

据资料记载,目前已知的宇宙(指用最大的天文望远镜所能探测的那部分宇宙)中,所有原子的个数是 300 000 000 000 000 000 000 000 000 000 000 000 000 000 000 000 000 000 000 000 000 000 000 000 000 000.你能用科学计数法把这个数写下来吗?

对了,就是 3×10^{74}.这一下可就简单多了!

在历史上,世界上各个民族普遍使用的都是十进制.为什么会这样呢? 根据语言学家对世界上各进化民族和多数原始民族语言的研究所得出的结论,这是由于人类的手指有十个.十指可以自由伸缩,是一个很好的天然的计数工具.人们在用手指计数的过程中,十进位制数便自然而然地产生了.

在十进位制中,所用数码是 0,1,2,3,4,5,6,7,8,9,这十个数字叫作十进位制的基数.实际上,除 1 以外的自然数都可以作为进位制的基数.例如,二进位制、三进位制、五进位制、七进位制、八进位制、十一进位制、十二进位制、二十进位制和六十进位制等.

英语单词中,从一到十九的数字是:one,two,three,four,five,six,seven,eight,nine,ten,eleven,twelve,thirteen,fourteen,fifteen,sixteen,seventeen,eighteen,nineteen.这里从 1 到 12,这十二个数字是独立的,13 以后才有一个统一的构成法——都有后缀 teen.从这里可以看出十二进位制的痕迹.

实际上,在某些情形下,直到今天十二进位制仍在使用.例如,一打铅笔是指十二支铅笔,一年有十二个月,一天有二十四个小时(钟表面仍只有十二).

北美的印第安人,中美、南美的少数民族,西伯利亚的北部民族及非洲人等,古时候常用五进位制和二十进位制.

巴比伦人最初使用的是六十进位制.现在,世界各地仍使用着六十进位制.如一小时等于六十分,一分等于六十秒,圆周角的度数是三百六十度(六个六十度),一度等于六十分.

下面,我们把前十个自然数在几种进位制下的写法做一个对照(表 3.1).

表 3.1

自然数	一	二	三	四	五	六	七	八	九	十
十进制	1	2	3	4	5	6	7	8	9	10
八进制	1	2	3	4	5	6	7	10	11	12
二进制	1	10	11	100	101	110	111	1000	1001	1010

几种不同进位制下的数放在一起,怎样加以区别呢?办法是在 p 进位制数的右下方写上 (p). 例如,在十进位制中,数 101 表示为 $101_{(10)}$;在三进位制中,数 101 表示为 $101_{(3)}$.

在十进制的加减法中,"逢十进一,退一当十"是大家非常熟悉的. 在 p 进制中,则是"逢 p 进一,退一当 p". 例如,$11011_{(2)}+1110_{(2)}$ 列成算式就是

$$
\begin{array}{r}
11011 \\
+\ \ 1110 \\
\hline
101001
\end{array}
$$

所以,$11011_{(2)}+1110_{(2)}=101001_{(2)}$.

又如,把 $234_{(8)}-51.7_{(8)}$ 列成算式,就是

$$
\begin{array}{r}
234 \\
-\ \ 51.7 \\
\hline
162.1
\end{array}
$$

所以,$234_{(8)}-51.7_{(8)}=162.1_{(8)}$.

通常情况下,人们多采用十进制计数法,在解决不同问题时,采用其他进制法可能更为方便.电子计算机中的计算和记忆元件只有两种状态,那就是"开"和"关",可以用两个符号"1""0"来表示,所以在计算机中使用的是二进制计数法.

事物总是具有两重性的.二进制适用于电子元件的两种状态,这是二进制的优点.但二进制也有它的缺点,那就是书写起来并不方便.特别是一个较大的数用二进制表示就会很长,容易出错.为了解决这个问题,在编制计算机解题程序时,往往采用八进制或十六进制作为过渡,把十进制数转换成二进制数,或者反过来把二进制数转换成十进制数.

那么怎样把十进制数化为二进制数呢?有两种方法:一种是直接由十进制数化为二进制数,另一种是先把十进制数化为八进制数,再化为二进制数.

先讲第一种方法.例如,把 $568_{(10)}$ 化成二进制数,可写出如下带余数的除法

8

算式

$$
\begin{array}{r}
2\,\underline{|\,568} \quad\cdots\cdots\cdots\cdots\;0 \\
2\,\underline{|\,284} \quad\cdots\cdots\cdots\cdots\;0 \\
2\,\underline{|\,142} \quad\cdots\cdots\cdots\cdots\;0 \\
2\,\underline{|\,71} \quad\cdots\cdots\cdots\cdots\;1 \\
2\,\underline{|\,35} \quad\cdots\cdots\cdots\cdots\;1 \\
2\,\underline{|\,17} \quad\cdots\cdots\cdots\cdots\;1 \\
2\,\underline{|\,8} \quad\cdots\cdots\cdots\cdots\;1 \\
2\,\underline{|\,4} \quad\cdots\cdots\cdots\cdots\;0 \\
2\,\underline{|\,2} \quad\cdots\cdots\cdots\cdots\;0 \\
1 \quad\cdots\cdots\cdots\cdots\;1
\end{array}
$$

再将所有的余数由下至上写出,就得到

$$568_{(10)} = 1001111000_{(2)}$$

接着讲第二种方法. 把十进制数化为八进制数,同样地,逐次用 8 除即可

$$
\begin{array}{r}
8\,\underline{|\,568} \quad\cdots\cdots\cdots\cdots\;0 \\
8\,\underline{|\,71} \quad\cdots\cdots\cdots\cdots\;7 \\
8\,\underline{|\,8} \quad\cdots\cdots\cdots\cdots\;0 \\
1 \quad\cdots\cdots\cdots\cdots\;1
\end{array}
$$

那么怎样把八进制的 $1070_{(8)}$ 化为二进制数呢? 很简单,把八进制数的每一个数字写成三位的二进制数,再顺次排列即可.

为此,我们要熟悉如下的二—八对照表(八进制数与二进制数的对照)(表 3.2).

表 3.2

八进制数	0	1	2	3	4	5	6	7
二进制数	000	001	010	011	100	101	110	111

注意到

$$
\begin{array}{cccc}
1 & 0 & 7 & 0 \\
001 & 000 & 111 & 000
\end{array}
$$

所以 $1070_{(8)} = 1000111000_{(2)}$.

注意:八进制数 1 在排头,二进制数应写成 1,不要写成 001.

也就是说,$568_{(10)} = 1070_{(8)} = 1000111\,000_{(2)}$.

反过来,怎样把 p 进制数化为十进制数呢?

9

只要把 p 进制数 n 位数上的数字乘以 p^{n-1}，然后再求它们的和就行了．例如

$$11010_{(2)} = 1 \times 2^{5-1} + 1 \times 2^{4-1} + 0 \times 2^{3-1} + 1 \times 2^{2-1} + 0 \times 2^{1-1}$$
$$= 2^4 + 2^3 + 2^1$$
$$= 16 + 8 + 2 = 26$$

即 $11010_{(2)} = 26_{(10)}$．

所有字符的本质都是符号．它是人造的用来反映思想的有形可见的字符．

数字符号是反映数码的字符．当符号表示数与进制计数相结合时，就是对数的表示法的一种华丽的升级．表示数字法从最初仅用单一的符号发展到用多种更便于使用的符号，尤其是适用于机器的符号，人类就从必然王国进入到了自由王国．

第 4 节　回文数与回文诗

我们祖国是诗歌的故乡．

回文诗是古体诗的一种形式．它按一定的规律排列成文，顺着读与倒着读，均是优美的诗篇．

一千六百多年前，晋代十六国时期，自小聪颖过人的苏蕙(357—?)(图 4.1)与翩翩少年窦滔(生卒年不详)结为连理．窦滔任秦州刺史时因被诬告"忤旨"(即违抗旨意)被流放到沙州(今敦煌)．日后七八年间，窦滔杳无音信．苏蕙对丈夫的思念与日俱增，便制成了流传千古的《璇玑图》(图 4.2)．此图的文字组成一个方阵，读法极多，纵读、横读、斜读、正读、反读均可组成三、四、五、六、七言诗，据统计大约可读出 7 958 首诗．

北宋王安石(1021—1086)曾写过题为《泊雁》的五言回文诗：

"泊雁鸣深渚，收霞落晚川．桥随风敛阵，楼映月低弦．漠漠汀帆转，幽幽岸火然．壑危通细路，沟曲绕平田．"

回文：

"田平绕曲沟，路细通危壑．然火岸幽幽，转帆汀漠漠．弦低月映楼，阵敛风随桥．川晚落霞收，渚深鸣雁泊．"

图 4.1　　　　　　　　　　图 4.2

北宋苏轼(1037—1101)曾作《次韵回文三首》：

其一曰："春机满织回文锦,粉泪挥残露井桐.人远寄情书字小,柳丝低目晚庭空."

其二曰："红笺短写空深恨,锦句新翻欲断肠.风叶落残惊梦蝶,戍边回雁寄情郎."

其三曰："羞云敛惨伤春暮,细缕诗成织意深.头伴枕屏山掩恨,日昏尘暗玉窗琴."

清代陈天锡(1841—1872)著有著名的回文诗《游观山》：

"悠悠碧水傍林偎,日落观山四望回.幽寺古松孤挂月,冷泉旧井空生苔.鸥飞远浦渔舟泛,鹤伴闲亭仙客来.游径踏花烟上走,流溪远棹一帆开."

无独有偶,数学里也有一类正整数,无论从左读到右还是从右读到左,都是同一个数,这种数就称为回文数.

那么最小的回文数是多少呢? 当然非 1 莫属了.回文数显然没有最大的.

一位数 1,2,3,4,5,6,7,8,9 都是回文数.

先看回文数的个数.

$k(k\geqslant 1)$ 位回文数有多少个呢?

1 位回文数有 9 个.

2 位回文数有 9 个,它们是:11,22,33,44,55,66,77,88,99.

3 位回文数可就多了,不妨把它们排成一个数的方阵

$$
\begin{array}{ccccc}
101 & 111 & 121 & \cdots & 191 \\
202 & 212 & 222 & \cdots & 292 \\
\vdots & \vdots & \vdots & & \vdots \\
909 & 919 & 929 & \cdots & 999
\end{array}
$$

这个数阵有 9 行 10 列,所以 3 位回文数有 90 个.用同样的方法可知,4 位回文数也有 90 个.

再往下统计,如果把回文数排成数表再数数,那么这种方法就太原始了.利用乘法原理可知:

当 k 为奇数时,k 位回文数有 $9 \times 10^{\frac{k-1}{2}}$ 个.

当 k 为偶数时,k 位回文数有 $9 \times 10^{\frac{k-2}{2}}$ 个.

例如,9 位回文数有 $9 \times 10^{\frac{9-1}{2}} = 9 \times 10^4$ 个,10 位回文数有 $9 \times 10^{\frac{10-2}{2}} = 9 \times 10^4$ 个.

再看回文数的和.

$k(k \geqslant 1)$ 位回文数的和等于多少呢? 这也是颇有趣味的问题.

1 位回文数之和为 $1 + 2 + 3 + \cdots + 9 = 45$.

2 位回文数之和为 $11 + 22 + 33 + \cdots + 99 = 495$.

3 位回文数之和为

$101 + 111 + 121 + \cdots + 191 + 202 + 212 + 222 + \cdots + 292 + \cdots + 909 + 919 + 929 + \cdots + 999 = 49\ 500$

一般地,所有的 k 位回文数之和是多少呢?

我们有如下结果:

当 $k = 1$ 时,k 位回文数之和为 45.

当 k 为非 1 的正奇数时,k 位回文数之和为 $4.95 \times 10^{\frac{3k-1}{2}}$.

当 k 为正偶数时,k 位回文数之和为 $4.95 \times 10^{\frac{3k-2}{2}}$.

例如,9 位回文数的和为 $4.95 \times 10^{\frac{27-1}{2}} = 4.95 \times 10^{13}$,10 位回文数的和为 $4.95 \times 10^{\frac{30-2}{2}} = 4.95 \times 10^{14}$.

质数(也叫素数)是指只能被 1 和本身整除的自然数.下面我们看看质数中的回文数.

k 位回文数中质数有多少个呢?

在 1 位回文数中,质数有 4 个:2,3,5,7.

在 2 位回文数中,质数有 1 个:11.

在 3 位回文数中,质数有 15 个:101,131,151,181,191,313,353,373,383,727,757,787,797,919,929.

12

在 4 位回文数中,却没有质数!

不仅如此,凡 k 为大于或等于 4 的偶数时,k 位回文数一定不是质数. 这是为什么呢? 因为它的奇数位与偶数位上的数字之和相等,这样的数必是 11 的倍数,当然也就不是质数了.

一般地,当 k 为奇数时,k 位回文数中质数有多少个呢? 这是有待探索的问题.

目前已知的 5 位回文质数共 93 个,7 位回文质数共 668 个,9 位回文质数共 5 172 个(其中最奇特的一个是 345 676 543).

包含全部 0~9 这十个数字的最小回文质数是 1 023 456 987 896 543 201.

数学家已经证明,回文质数有无限多个. 目前已知的最大回文质数的位数为 11 811.

回文诗能陶冶情操,回文数能锻炼智力.

回文诗和回文数,诗苑和数苑的两朵奇葩!

第 5 节　无理数"无理"吗

历史上,由于无理数起源于几何不可公度量,非常直观,所以很早就发现了它.

公元前 550 年,毕达哥拉斯(Pythagoras,约公元前 580—约公元前 500)就对无理数已有认识. 公元前 400 年左右是柏拉图(Plato,公元前 427—公元前 347 年)时代,数学家对无理数有了更加充分的了解. 公元前 330 年,欧几里得(Euclid,约公元前 330—公元前 275)对于不可公度线段的存在有了系统的理论.

19 世纪中叶,数学家玛洛(Meray)、魏尔斯特拉斯(Welerstrass,1815—1897)、戴德金(Dedekind,1831—1916)、康托尔(Cantor,1845—1918)先后以不同形式研究了无理数,这时无理数基础理论才开始建立.

刚进入初中的学生可能会把有理数认为是有道理的数,把无理数则视为没有道理的数.

在数学中,一般认为 $\sqrt{2}$ 是第一个被发现的无理数. 现在让我们看看 $\sqrt{2}$ 是怎样诞生的,就知道这个所谓"无理"的数,其实是有道理的.

如图 5.1 所示,设正方形 $ABCD$ 的边长为 1 个长度单位,它的面积则为 1

个平方单位. 在它的对角线 AC 上再作一个正方形 $ACEF$,易知正方形的面积为 2 个平方单位. 设 $AC=x$,则 $x^2=2$.

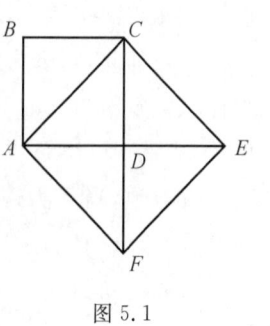

图 5.1

我们知道,正整数、负整数、分数以及零,统称为有理数. 现在的问题是,AC 的长度可否用一个有理数表示? 也就是说,有没有一个有理数,它的平方等于 2?

在整数集合中,因为 $1^2=1,2^2=4$,而 $x^2=2,2$ 是介于 1 和 4 之间的数,所以在整数集合里找不到这样的数 x.

那么,有没有一个既约分数 $\dfrac{p}{q}$,它的平方等于 x 呢? 试试看!

假设 $\left(\dfrac{p}{q}\right)^2=2$,那么 $\dfrac{p^2}{q^2}=2$,所以 $p^2=2q^2$.

这说明 p^2 是 2 的倍数,因此 p 必是 2 的倍数,于是令 $p=2m$(m 是整数),代入上式,得 $(2m)^2=2q^2$,$4m^2=2q^2$,所以 $2m^2=q^2$,这又说明 q^2 是 2 的倍数,因此 q 必是 2 的倍数.

既然 p 是 2 的倍数,q 也是 2 的倍数,那么 p 与 q 就有公约数 2,这样就与假设"$\dfrac{p}{q}$ 是既约分数"相矛盾! 这个矛盾说明不存在一个既约分数,它的平方是 2. 换句话说,就是当 AB 的长度取 1 个单位时,AC 的长度不可能用有理数表示.

以上问题告诉我们,除有理数外,肯定还存在一种"新数",我们把这种数称为无理数,并且把正方形 $ACEF$ 的边长 x 记为 $\sqrt{2}$.

为了便于说明问题,我们设计一个到商店买布时的场景(现实生活中是不会有的):营业员用一把 1 米长的尺去量一匹红色的布料,3 次恰好量完,就说这匹布有 3 米长.

如果另一匹蓝色的布料用这把尺量了 3 次还有剩余,且剩余部分不到 1 米,那么再量这剩余部分时,就要用到这把米尺的刻度了. 一般米尺的刻度是以厘米($\dfrac{1}{100}$ 米)为单位的,比如量得剩余部分的布料长的刻度是 33,就说这匹布料有 3.33 米长,或 $\dfrac{333}{100}$ 米长.

如果还有 1 匹白色的布料,用这把米尺量了 3 次后还有剩余,剩余部分用这把尺的 $\dfrac{1}{10},\dfrac{1}{100},\dfrac{1}{1\,000}$ 去量,都有一点点剩余. 然而,把这把尺截成 3 等分后做

14

成一把小尺(尺长 $\frac{1}{3}$ 米),再用这把小尺去量,恰好 10 次量完.那么,这匹布料有多长呢? 答案是: $\frac{10}{3}=3.33\cdots=3.\dot{3}$ 米.

以上三种情况表明,以 1 米为单位,这三匹布料的长都可以用有理数表示,3 是整数, $\frac{333}{100}$ 是分数,或者说,3 和 3.33 是有限小数,而 $3.\dot{3}$ 是无限循环小数.

其实,有限小数也可以看成无限循环小数,3=3. $\dot{0}$,3.33=3.33 $\dot{0}$,所以,我们干脆就说:有理数就是指无限循环小数.

回到前面的那个问题上来.

现在我们知道,正方形 $ABCD$ 的边长 $AB=BC=1$,对角线长 $AC=\sqrt{2}$.假定 AB 就是一把 1 米长的尺子, AC 是一匹布料,那么能不能用这把尺子或者这把尺子的 $\frac{1}{n}$ (n 是有理数,例如 $n=10,100,\cdots$,或者 $n=11,12,\cdots$)恰好量完这匹布料呢? 答案是否定的.也就是说,无论如何这把尺子是量不完这匹布料的!

实际上,不需要去量就可以得到答案! 下面,我们介绍一种几何证明的方法,即使是没有学习过平面几何的人也能从直观上看懂.

如图 5.2 所示, $\triangle ABC$ 是一个等腰直角三角形, $AB=BC,\angle ABC=90^\circ$,在斜边 AC 上截取 $AM=AB$,可以看出(其实也可以证明) AC 剩下的一段 MC 小于 AB .这表明用 AB 去量 AC ,只得 1 倍,剩下的线段 MC 小于 BC ($BC=AB$).

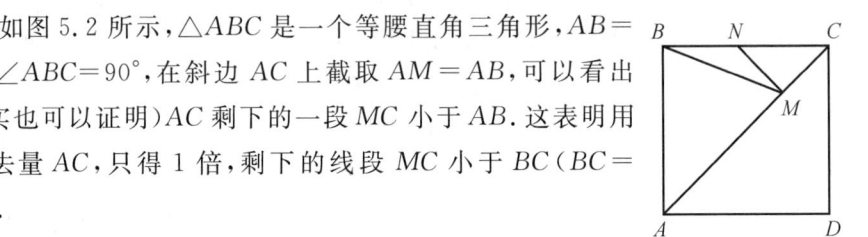

图 5.2

接着,我们用 BC 的 $\frac{1}{n}$ 去量 MC ,这也相当于用 MC 去量 BC ,看 MC 是 BC 的几分之几.

过 M 作 $MN\perp AC$,交 BC 于点 N ,可以看出(其实也可以证明), $\triangle NMC$ 也是等腰直角三角形($MC=MN,\angle NMC=90^\circ$),且 $MN=BN$,这样就有 $MC=MN=BN$,这表明 MC 已经占了 BC 的一份了,剩下的工作是看 MC 占 NC 的几分之几.

这时,由于 $\triangle NMC$ 是等腰直角三角形,也就回到了"用 AB 去量 AC "的那种情况.这样继续进行下去,每次都是用等腰直角三角形的直角边去量斜边,并且每次都产生一个新的更小的等腰直角三角形,……,这一度量过程中永远都是有剩余的.

这一度量过程也表明, $\sqrt{2}$ 是一个无限不循环小数,它是一个无理数.

那么$\sqrt{2}$等于多少呢?$\sqrt{2}=1.414\ 2\cdots$,它还有一个用连分数表达的形式,即

$$\sqrt{2}=1+\cfrac{1}{2+\cfrac{1}{2+\cfrac{1}{2+\ddots}}}$$

和谐而美妙!

在数学中,把有理数和无理数统称为实数.

既然有理数和无理数都是"有道理"的数,那为什么称其中一个为"有理"的数,称另一个为"无理"的数呢?

原来,"有理数"译自"rational number",其中 ratio 是"比"的意思,rational 是 ratio 的形容词形式,所以它合理的译名应该是"比数".同理,"irrational number"应该译为"非比数",而不应该译为"无理数".

那么,这种译法是不是误译或误解呢? 这个就自然而然地要追溯到这个译名的来历了.

1607 年,我国明末清初时期的学者徐光启(1562—1633)与意大利学者利玛窦(Matteo Ricci,1552—1610)合译古希腊数学家欧几里得的著作 *Elements of geometry*,命名为《几何原本》.翻译时把 ratio 译成了"理",这里的"理"就是今天的"比".

同时,徐光启在翻译时,还采用了"反理"(相反的比率)、"同理"(相同的比率)等词,可见他既不是误译,也不是误解.于是,"有理数""无理数"这样的名词一直沿用至今.可见,把无理数说成是"没有道理的数",才是真正的误解呢!

第 6 节　虚数的历程

众所周知,因为$(\pm 1)^2=1$,所以 1 的平方根是± 1;因为$(\pm\sqrt{2})^2=2$,所以 2 的平方根是$\pm\sqrt{2}$;因为$0^2=0$,所以 0 的平方根是 0.

那么-1的平方根是什么呢? 换句话说,设$x^2=-1$,试问:$x=$?

历史上相当长的一段时间里,人们认为-1的平方根是不存在的.

但数学家的脾气倔强得很.1545 年,第一个将这个"显然不存在的东西"写到公式里去的是意大利数学家卡丹(Cardano,1501—1576).他写道

$$(5+\sqrt{-15}\,)+(5-\sqrt{-15}\,)=5+5=10$$

$$(5+\sqrt{-15})(5-\sqrt{-15})=5\times5+5\sqrt{-15}-5\sqrt{-15}-(\sqrt{-15})(\sqrt{-15})$$
$$=25-(-15)=40$$

上面"古怪"的算式把 10 分成两部分,使它们的乘积等于 40,而这两部分就是 $5+\sqrt{-15}$ 和 $5-\sqrt{-15}$. 他还把这个怪模怪样的式子称作"虚数",而这个名称一直沿用至今.

虚数闯进数学的领地之后,足足在两个世纪的时间里,披着神秘的、不可思议的面纱.

数学家面对这个"想象的"(拉丁文 imaginari)数,试图发现它的价值. 1730 年,法国数学家棣莫弗(Abraham de Moivre,1667—1754)给出了公式

$$(\cos\theta+\mathrm{i}\sin\theta)^n=\cos n\theta+\mathrm{i}\sin n\theta$$

即棣莫弗定理.

1748 年,瑞士数学家欧拉发现了复指数函数和三角函数的关系,并写出了如下公式(欧拉等式)

$$\mathrm{e}^{\mathrm{i}x}=\cos x+\mathrm{i}\sin x$$

直到 1770 年,欧拉还是这样评价虚数:"一切形如 $\sqrt{-1}$ 的数学式子,都是不可能有的想象的数,因为它们所表示的是负数的平方根. 对于这类数,我们只能断言,它们既不是什么都不是,也不比什么多些什么,更不比什么都不是少些什么. 它们纯属虚幻. "

这段话反映了当时的数学家对虚数的矛盾心理:一方面认为它很重要,另一方面又认为它纯属虚幻.

尽管欧拉对虚数仍心存芥蒂,但阻挡不了他对复数运用的深入研究. 1777 年,欧拉向彼得堡科学院提交了一篇论文,文中给出了复变函数的积分 $\int f(z)\mathrm{d}z$(其中 $f(z)=u(x,y)+\mathrm{i}\cdot v(x,y)$)所满足的方程

$$\frac{\partial u}{\partial x}=\frac{\partial v}{\partial y},\frac{\partial u}{\partial y}=-\frac{\partial v}{\partial x}$$

1752 年,法国数学家达朗贝尔(Jean le Rond d'Alembert,1717—1783)在关于流体力学的论文中就已经得到了这两个方程,比欧拉要早些. 现在人们公认的是,拉普拉斯(Pierre-Simon Laplace,1749—1827)、欧拉和达朗贝尔是复变函数论的先驱.

关于复数的几何解释,也经历了一个过程.

1797 年,挪威数学家维塞尔(Caspar Wessel,1745—1818)提出了复数的几何解释.

17

1806 年,法国数学家阿根(Jean Robert Argand,1768—1822)也提出了类似的解释.

直到 19 世纪,复变函数的理论经过法国数学家高斯(Gauss,1777—1855)、德国数学家黎曼(Riemann,1826—1866)、魏尔斯特拉斯的巨大努力,才形成了系统的理论,并且深刻地渗入到数学学科的许多分支.例如,著名的代数学基本定理:"n 次方程有且仅有 n 个复数根".

符号 $\sqrt{-1}$ 在历史上起过功不可没的作用,但是用起来容易产生混淆,所以这个符号在中学教材里已经不再使用了,而用 i 来表示引入的那个新数,并称为虚数单位,还规定:

第一,$i^2 = -1$,也就是说 i 是 -1 的一个平方根(另一个平方根是 $-i$).

第二,i 与实数在一起时,可以按实数的加、减、乘、除四则运算法则进行运算,并且称形如 $a+bi(a,b$ 是实数)的数为复数.

客观世界的一些量,如力、位移、速度、电场强度等物理量,不仅有大小而且还有方向,这些量称为向量.在复平面内,我们用点 $Z(a,b)$ 表示复数 $z=a+bi$,对应于向量 $\overrightarrow{OZ}=r(\cos\theta+i\sin\theta)$,如图 6.1 所示.

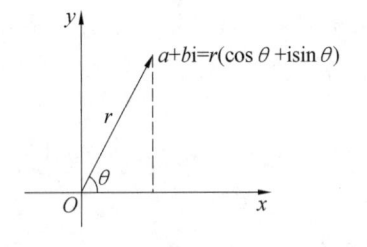

图 6.1

自此以后,人们逐渐建立了关于复数的系统理论.这个理论就是现代数学的一个活跃的分支——复变函数论.

复变函数论产生于 18 世纪,在 19 世纪全面发展.我国数学家杨乐(1939—   )、张广厚(1937—1987)在单复变函数的值分布理论和渐近值理论的研究中取得了具有世界水平的成果,他们的研究进一步充实了复变函数论的理论.(他们还首次发现函数值分布论中的两个主要概念"亏值"和"奇异方向"之间的具体联系,被国际数学界定名为张杨定理.)

复变函数论的应用很广,比如,在物理学上有场的概念.所谓场就是每点对应有物理量(速度、温度、电势等)的一个区域,对它们的计算就是通过复变函数来解决的.

再举个例子.如今,飞机早已成为现代社会必不可少的交通工具,但是在一

18

百多年以前,航空事业才刚刚起步.一个最基本的问题横亘在科学家的面前,那就是如何设计飞行中既能产生足够的升力,又具有流线型的外体以尽可能减少空气的阻力.

生活在这个时代的茹科夫斯基(Н. Е. Жуковский,1847—1921)是一个学识渊博、多才多艺的数学家.他对航空有深厚的兴趣,亦有很深的造诣.

他不像某些人那样,在试飞中寻找出路.他认为,飞机升空仅凭实践是不行的,必须建立一种飞行理论.几十年来,他全身心地致力于气体绕流的研究,终于获得了成功.1906 年,他解决了空气动力学的主要课题,创立了机翼升力原理,找到了设计优良机翼的方法.而这个方法就是,把复平面内的一个图形,通过变换 $\omega=\frac{1}{2}(z+\frac{a^2}{z})(z=x+yi)$ 得到另一个图形.而这个图形就是飞机机翼型的截面!

茹科夫斯基在设计飞机机翼的时候,利用了复变函数的理论,预料了高级飞行技术中翻筋斗的可能性.后来,俄国飞行员果然实现了飞机在空中翻筋斗——"打环圈"(即飞机在铅直平面内打圈)的壮举.

1921 年,茹科夫斯基与世长辞.为表彰他对航空工业事业的丰功伟绩,列宁宣布,称他为"俄罗斯航空之父".

第 7 节　π 的面面观

在日常生活中,人们经常与 π 打交道.自行车的轮子是圆的,茶杯口是圆的,天上的月亮看起来也是圆的.我们身边形形色色的圆都有一个共性,那就是它们的圆周长与直径的比是一个常数,这个常数就是圆周率 π.

圆周率 π,无论在理论上还是在实际运用中,都处于特殊的地位.德国数学家康托尔说:"历史上一个国家所算得的圆周率的准确程度,可以作为衡量这个国家当时数学发展的一面旗帜."

我国历史上对圆周率的研究有着卓越的成就,曾一度领先于世.

根据历史学家的考证,早在夏代以前原始社会时期,就有圆形建筑物和圆形器皿.在中国最早的算书《周髀算经》(约公元前 2 世纪)中已经指出:"圆径一而周三"(即 π=3).西汉末年,王莽命刘歆(约公元前 50—23)制定度量的新标准.他所用的圆周率是 3.154 7.东汉张衡(78—139)认为 $\pi=\sqrt{10}=3.162\ 3$.

在三国景元四年(263),数学家刘徽(约 225—约 295)在整理《九章算术》一书时,提出"割圆术".他从圆内接正六边形算起,令边数一倍一倍地增加,逐个计算六边形、十二边形、二十四边形、四十八边形、九十六边形、一百九十二边形,得到了 π 的近似值为 3.14.他还特别声明:"此率尚微少",意思是这仅是 π 的不足近似值.刘徽对 π 的推算是对人类的一大贡献,后人为了纪念他,就把这个数值"π=3.14"叫作徽率.

到了南北朝,伟大的数学家祖冲之(429—500,图 7.1)对 π 的推算在世界上达到了空前的高峰.他算出

$$3.141\ 592\ 6<\pi<3.141\ 592\ 7$$

在世界上,把圆周率 π 的数值计算到小数点之后第七位数字的,祖冲之是第一人.后人称之为"祖率".这个世界纪录保持了近千年才被 15 世纪的阿拉伯数学家阿尔·卡西(al-kashi)打破.

图 7.1

同时,祖冲之还得出了 π 的分数形式的近似值:$\frac{22}{7}$ 被后人称为约率,$\frac{355}{113}$ 被后人称为密率.这两个分数是分母小于 7 和小于 113 的一切分数中,最接近 π 值的最佳分数.荷兰数学家奥托(Valentinus Otto,约 1550—1605)在 1573 年才获得密率的值.

在现代,随着电子计算机的飞速发展,π 值的计算有了极大的进展.1949 年,美国首次用计算机(ENIAC)计算 π 值到 2 037 位小数,1989 年美国又计算出 π 值小数点后 4.8 亿位数,后又继续算到小数点后 10.1 亿位数.2010 年 1 月,法国一工程师将圆周率算到小数点后 27 000 亿位.2010 年 8 月,日本一职员将家用计算机和云计算相结合,计算出圆周率到小数点后 5 万亿位,2011 年 10 月他又将圆周率计算到小数点后 10 万亿位,计算机工作约一年时间才刷新

20

了最新纪录.

π 是一个无限不循环小数,所以是无理数.1761 年,德国数学家兰伯特(Lambert,1728—1777)证明了 π 确实是无理数.

数字 π 还隐藏着更深层次的秘密.

法国数学家勒让德(Legendre,1752—1833)曾猜测说:"π 不是有理系数方程的根."后来人们把有理系数方程的根称为代数数,不是代数数的数称为超越数.这样,所有的有理数以及一部分无理数都是代数数.勒让德的猜测实际上是说 π 是一个超越数.

在高等数学里,抽象地证明超越数的存在性并非十分困难.但是要具体证明某一个特定的数是超越数,例如 e 和 π,在当时的历史条件下是异常困难的事情.

1873 年,法国数学家埃尔米特(Charles Hermite,1822—1901)给出了 e 是超越数的证明.他认为证明 π 的超越性更为困难,在写给友人的信中他这样写道:"我不敢试着证明 π 的超越性.如果其他人承担这项工作,对于他们的成功没有比我更高兴的人了.但请相信我,我亲爱的朋友,这决不会不使人们花费一些力气."九年后,1882 年,德国数学家林德曼(Lindemann,1852—1939)证明了 π 的超越性.

当代国际数学大师、沃尔夫奖获得者、南开数学研究所原所长陈省身说:"π 这个数渗透了整个数学."

确实是这样的.请看:

圆的周长 $C=2\pi r$,面积 $S=\pi r^2$,椭圆的面积 $S=\pi ab$.

球的面积 $S=4\pi R^2$,球冠的面积 $S=2\pi Rh$.

球的体积 $V=\dfrac{4}{3}\pi R^3$,球缺的体积 $V=\dfrac{1}{3}\pi h^2(3R-h)$.

椭圆绕着它的长轴旋转一周,所得到的几何体叫椭球体,其体积 $V=\dfrac{4}{3}\pi ab^2$.

实际上,由曲线段 $y=f(x)(x\in[a,b])$ 绕着 x 轴旋转一周所得的旋转体的体积为 $V=\pi\displaystyle\int_a^b y^2\mathrm{d}x$.

1748 年,瑞士数学家欧拉给出了著名的公式:$e^{ix}=\cos x+i\sin x$,由此架起了两种函数(指数函数与三角函数)的一座"天桥".当 $x=\pi$ 时,就得

$$e^{i\pi}+1=0$$

这个公式把数学中最特殊的四个数:$\pi,e,i,1$ 联系了起来.

21

还有一系列俊俏的公式,例如

$$\frac{\pi^2}{6}=1+\frac{1}{2^2}+\frac{1}{3^2}+\cdots$$

$$\frac{\pi^4}{90}=1+\frac{1}{2^4}+\frac{1}{3^4}+\cdots$$

$$\pi=2\cdot\frac{2}{\sqrt{2}}\cdot\frac{2}{\sqrt{2+\sqrt{2}}}\cdot\cdots$$

$$\frac{4}{\pi}=1+\cfrac{1}{2+\cfrac{9}{2+\cfrac{25}{2+\cfrac{49}{2+\cfrac{81}{2+\cdots}}}}}$$

特别值得一提的是,挪威著名数论专家、沃尔夫数学奖获得者阿特勒·塞尔伯格(Atle Selberg,1917—2007)曾经说,他喜欢数学的一个动机是以下公式

$$\frac{\pi}{4}=1-\frac{1}{3}+\frac{1}{5}-\frac{1}{7}+\frac{1}{9}-\cdots$$

因为它太美了!(是由莱布尼兹于 1764 年给出的.)

$\pi=3.141\ 592\ 6\cdots$ 又是一个神秘的数字.有人研究发现:π 的前 1 位小数、前 3 位小数、前 7 位小数之和分别是前 1 个、前 3 个、前 7 个自然数之和,即

$$1=1$$
$$1+4+1=1+2+3=6$$
$$1+4+1+5+9+2+6=1+2+3+4+5+6+7=28$$

这是惊人的巧合!

并且,6 和 28 是完全数(它等于除它本身以外的各个因子之和),即

$$6=1+2+3$$
$$28=1+2+4+7+14$$

π 的前 6 个有效数字 314 159 是一个素数,并且它还是一个逆素数(倒过来读 951 413 也是素数),而 314 159 的补数 796 951 也是一个逆素数!

还有一点有趣的是,把前 6 个有效数字分成 3 个两位数:31,41,59,这三个数都是孪生素数中的一个.所谓孪生素数是指相差为 2 的两个素数,例如:29 与 31,41 与 43,59 与 61,这是三对孪生素数.

深入研究还会发现一些奇特的现象.例如,从小数点后 13 位到 30 位这 18 个数字具有相当的对称性:

22

$$3.14159265358979323846264338327950\cdots$$

其中 79,32,38 是关于 26 对称的.

意想不到的是,79,32,38 这 3 个数的所有数字之和为 $7+9+3+2+3+8=32$,而数字 32 是一个很特殊的数,一系列的事实可以与它联系起来:水在华氏 32 度结冰,水晶体分 32 类,人的牙齿有 32 颗,32 个电子可以充满原子的第四级轨道,基本粒子有 32 种长命粒子……

更有趣的是,π 的小数点后的一百个数字有人把它谱成曲子,演奏出来还悠扬动听呢!

$\pi=3.141\ 592\ 653\ 589\ 793\ 238\ 462\ 643\ 383\ 279\ 502\ 884\ 197\ 169\ 399\ 375$
$105\ 820\ 974\ 944\ 592\ 307\ 816\ 406\ 286\ 208\ 998\ 628\ 034\ 825\ 342\ 117\ 067$
$9\cdots$

第 8 节　方程趣闻

方程是中学数学中的一个主要内容.一元一次方程、一元二次方程,二元一次方程、二元二次方程(组),三角方程以及解析几何中的曲线方程,还有某些特殊的高次方程,像一颗颗璀璨的明珠展现在我们面前,琳琅满目,美不胜收.

我国历史上对于方程有很深的研究,对世界数学发展做出了巨大的贡献.

《九章算术》中第八章方程的第一题是"今有上禾(指上等稻子)三秉(指捆),中禾二秉,下禾一秉,实(指谷子)三十九斗;上禾二秉,中禾三秉,下禾一秉,实三十四斗;上禾一秉,中禾二秉,下禾三秉,实二十六斗.问上、中、下禾实一秉各几何."这里需要解三元一次方程组.

南宋时期,数学家杨辉(约 1238—约 1298)的《田亩比类乘除捷法》中就有解一元二次方程的问题.金元时期,数学家李冶(1192—1279)在《测圆海镜》中还有解一元四次方程的测量问题.李冶还提出了"天元术".其中的"天"相当于今天的 x.这是中国早期的符号代数用"天元术"列方程的方法,实质上与现代代数方法是相同的.欧洲数学家在 16 世纪才掌握它,比"天元术"晚数百年.

在同一时期(南宋)的数学家还有秦九韶(1208—1268),他在《数书九章》(1247 年成书)中首创三斜求积公式(已知三角形的三边长求面积)、"大衍求一术"和高次方程近似根的求法.

23

"大衍求一术"相当于现代数论中求解一次同余式方程组的方法. 德国数学家高斯在 1801 年才建立同余理论. "大衍求一术"反映了中国古代数学的高度成就. 美国哈佛大学首任科学史教授萨顿(Sarton,1884—1956)称赞道:秦九韶是他所处时代在全世界各国中最伟大的数学家之一.

还必须要提到的是元代数学家朱世杰(1249—1314),他把"天元术"发展到"四元术",能用消去法解二元、三元及四元高次方程组. 他的成就可与李冶、秦九韶、杨辉相媲美,同为我国数学黄金时代——宋元时期的四大数学家之一. 这四位数学家被后人誉为"宋元四杰".

我们知道,一元二次方程有求根公式. 那么自然要问:一元三次、四次、高次方程有没有求根公式呢? 下面让我们回顾历史上寻求公式的充满传奇色彩的历程.

1515 年左右,意大利数学家费罗(Ferro,1465—1526)找到了形如 $x^3+px+q=0$ 的三次方程的解法(但不是求解公式). 大约十年后,也就是费罗逝世的前一年,他把这个方法传给了学生菲奥尔(Fior). 费罗去世后,菲奥尔向当时意大利的大数学家塔尔塔利亚(Tartaglia,1499—1557)提出了挑战. 1535 年 2 月 22 日,两人交换了互带的三十道题. 塔尔塔利亚不愧为数学高手,用较短的时间就解出了三十道全是三次方程的题,并且得出了一般解法,而菲奥尔一道题也没有解出来. 塔尔塔利亚的胜利轰动了整个意大利.

当时,意大利有一位数学和物理教授,名叫卡丹,他获悉了这一消息后,再三请求塔尔塔利亚把解题方法告诉他,并发誓保守秘密. 卡丹得知了塔尔塔利亚的解法后,并没有履行诺言. 数年后,于 1545 年将这一方法写进了他的《大法》一书中. 后来人们把三次方程 $x^3+px+q=0$ 的求根公式,叫作"卡丹—塔尔塔利亚公式".

那么,三次方程 $x^3+px+q=0$ 的求根公式是怎样的呢? 请看

$$x_1=\sqrt[3]{-\frac{q}{2}+\sqrt{\left(\frac{q}{2}\right)^2+\left(\frac{p}{3}\right)^3}}+\sqrt[3]{-\frac{q}{2}-\sqrt{\left(\frac{q}{2}\right)^2+\left(\frac{p}{3}\right)^3}}$$

$$x_2=\omega\sqrt[3]{-\frac{q}{2}+\sqrt{\left(\frac{q}{2}\right)^2+\left(\frac{p}{3}\right)^3}}+\omega^2\sqrt[3]{-\frac{q}{2}-\sqrt{\left(\frac{q}{2}\right)^2+\left(\frac{p}{3}\right)^3}}$$

$$x_3=\omega^2\sqrt[3]{-\frac{q}{2}+\sqrt{\left(\frac{q}{2}\right)^2+\left(\frac{p}{3}\right)^3}}+\omega\sqrt[3]{-\frac{q}{2}-\sqrt{\left(\frac{q}{2}\right)^2+\left(\frac{p}{3}\right)^3}}$$

其中 $\omega=-\frac{1}{2}+\frac{\sqrt{3}}{2}i$.

在三次方程被成功解出之后,意大利数学家费拉里(Ferrari,1522—1565)

24

很快给出了一般四次方程的解法,并发表在卡丹的《大法》一书中.

这里必须提及中国唐朝的数学家王孝通(生卒年不详,约生于隋初,卒于唐贞观年间).他在所著的《缉古算经》(626)中,在世界上首次系统地创立了三次方程,对系数的称谓为实、方、廉、隅,与刘徽开立方术的注文一致.

那么五次及五次以上的方程法怎么解呢?是不是像二、三、四次方程那样能用系数的根式表达式求出根来呢?人们苦苦思考着,探索着,就这样过了两百年,却仍毫无进展.

1770年,法国数学家拉格朗日发表了论文《关于代数方程解的思考》,预言这样的公式很可能是不存在的!这就从反面开拓了思路,人们从这里似乎看到了胜利的曙光.

1824年,当天才的挪威青年数学家阿贝尔(Abel,1802—1829)《论代数方程,证明一般五次方程的不可解性》的论文发表后,引起了所有数学家的强烈反响.这个号称"向人类智慧挑战"的世界难题,在这位年仅22岁的青年数学家笔下一举攻克!

1826年,阿贝尔从奥斯陆大学毕业,他又写了题为《关于很广一类超越函数的一个一般性质》的论文,创立了椭圆函数论,建立了著名的阿贝尔定理.可惜,这位才智卓群的数学家由于肺结核复发,终因呕血不止而离开了人世,时年27岁.

在数学发展由变量数学跨进近代数学的转折阶段,阿贝尔立下了不朽的功绩.今天,在挪威首都奥斯陆的皇家公园里,耸立着阿贝尔的纪念碑,表达了人们对他由衷的崇敬.

与阿贝尔同时代的,还有一位杰出的青年数学家,他就是法国的伽罗瓦(Galois,1811—1832).1828年,17岁的伽罗瓦写出了关于五次方程代数解的论文,首次引入了现代数学中一个很重要的概念——群.他满腔热情地将论文寄给法国科学院请求予以审查.可是,当时最有名望的数学家柯西对此根本不屑一顾,还把这个中学生的文章丢失了.过了两年也就是1830年,伽罗瓦又将自己的研究成果写成了一篇详细的文章,寄给了科学院秘书傅里叶.不料傅里叶当年就病逝了.1831年,充满自信的伽罗瓦第三次把论文送交法国科学院.然而,大名鼎鼎的泊松(Poisson,1781—1840)竟然看不懂伽罗瓦的论文,并在论文上批写道:"完全不能理解."就这样,这篇划时代的论文再次遭到冷遇,并被搁置了.

伽罗瓦是一个富有正义感并敢于斗争的青年,他因参加法国资产阶级革命活动,曾两次被捕入狱.令人惋惜的是,1832年5月,伽罗瓦因爱情纠纷与人决斗伤重而亡,时年 21 岁. 在决斗前,他仍念念不忘他的研究成果,在给朋友的一封信中他这样写道:我在分析方面做出了一些新发现,有些是关于方程论的,有些是关于整函数的⋯⋯你可以公开这些内容,请求雅可比(Jacobi,1804—1851)或高斯,不是对这些定理的真实性发表意见,而是对其重要性发表意见. 其次,我希望将来有人发现和消除这些混乱时,我的文章对于他们来说是有益的.

伽罗瓦去世后十四年,他的遗稿才重见天日,由法国数学家刘维尔(Liouville,1809—1882)主办的刊物《纯粹与应用数学杂志》予以发表,题目为《方程用根号解的条件的记录》. 这篇论文不仅解决了五次及五次以上的方程都不可能有公式解的问题,而且更重要的是引入了"群"的概念,开辟了代数学一个崭新的领域. 从此,代数学从方程理论研究转向了对代数结构性质的研究,促进了代数学进一步的(新)发展.

关于五次方程的解法,在我国近代数学史上还有一段佳话.

华罗庚是我国近代享誉国际的数学家.

1922 年,12 岁的华罗庚进入金坛县立初级中学,1925 年夏毕业. 由于上海中华职业学校免收学费,所以家人就送华罗庚到此校就读. 可是,因为家中还是没钱交杂费和住宿费,1926 年,华罗庚只得辍学回到老家金坛,帮助父亲料理杂货铺. 其间他开始自学数学,攻读手中仅有的几份教材《大代数》《解析几何》和《微积分》,同时他用零花钱购买了《科学》和《学艺》两份期刊,从中学习还试图投稿.

1929 年冬天,华罗庚不幸染上伤寒病,落下左腿的终身残疾. 身处困境,且有家庭负担的华罗庚,在其妻子吴筱元(1910—2003)的支持下,并没有松懈对数学的钻研.

苏家驹(1899—1980)是我国近代中学数学教员的一个典型代表. 他同情革命、爱护学生、业务精湛、勇于探索. 1924 年,他从武昌高等师范学校数学系毕业,之后从事中学教育 30 余年. 苏家驹一生献身于教育与科学事业,曾自以"终日作小事,把点线弧尽组方圆角;平生无大志,愿作 XYZ 尽变 ABC"一联述怀明志.

苏家驹在《学艺》1926 年 7 卷 10 期上发表了一篇论文《代数的五次方程式之解法》(以下称为"苏文"). 众所周知,这个问题已经由阿贝尔在 1816 年证明是不可解的."苏文"与阿贝尔的理论相矛盾,必定有错. 苏家驹是知道阿贝尔理论的,他在文章的前言中写道:"代数的普通五次方程式,为近代数学界认为不能解之的问题,然余终不信其绝对不可解,数年以来,潜思摸索,似得一可解之法."也就是说,苏先生一方面认可阿贝尔的理论,另一方面又似乎觉得有例外情况,也就是说他的文章是用来"捡漏"的.

"苏文"发表之后,引起了数坛的震惊.华罗庚也看到了这篇文章.起初他对此文颇为赞赏,后经缜密思考发现有错,随后写信给《学艺》杂志提出质疑.《学艺》在 1929 年 5 月出版的 9 卷 7 期上只刊载了一则简短的"更正声明",承认"苏文"有误,并说:"查此问题,早经阿贝尔氏证明不能以代数学的方法解之;仓促付印,未及详细审查,近承华罗庚君来函质疑,殊深感谢,特此声明."但《学艺》并没有发表华罗庚"来函"的全文.

但华罗庚并没有就此罢休,他接着给《科学》杂志投稿置疑,1930 年 12 月出版的《科学》15 卷 2 期上,以"来件"的方式发表了华罗庚的《苏家驹之代数的五次方程式解法不能成立之理由》(以下简称"华文")一文.文中指出了"苏文"的一个 12 阶行列式的计算有误,从而导致全盘错误.

时任清华大学算学系主任的熊庆来(1893—1969),这位中国近代著名的数学家和教育家,在看到"华文"之后,非常欣赏,尤其是文章前言的一段话:"五次方程式经 Abel,Galois 之证明后,一般算学者均认为不可以代数解矣,而《学艺》七卷十号载有苏君之《代数的五次方程式之解法》一文,罗欣读之而研究之,于去年冬亦仿得《代数的六次方程式之解法》矣.罗对此欣喜异常,意为果能成立,则于算学史中亦可占一席地也,惟自思若不将 Abel 言论驳倒,终不能完全此种理论,故罗深思于 Abel 之论中,凡一阅月,见其条例精严,无懈可击,后经本社编辑员之暗示,遂从事于苏君解法确否之工作,于六月中遂得其不能成立之理由,罗安敢自秘,特公之于世,堂祈示正焉."于是,熊庆来立即四处问寻华罗庚的下落.是不是刚从国外留学回来的呢?归国留学生联合会予以否认.这件事恰巧被身为江苏人的唐培经教授知道了,特跑来告诉熊庆来说,华罗庚现在金坛中学任事务员,只念过初中.

伯乐熊庆来认定华罗庚是一匹千里马,决意召之扶之驶向征尘.华罗庚来到清华大学后,熊庆来让他当助理员,工作之余听课、看书.半年不到,华罗庚就可以和高年级的学生、研究生坐在一起听课了.不到一年半的时间,华罗庚旁听了数学专业的全部课程,不久他就达到了大学算学系毕业生的水平.其间他还有三篇论文在国外刊物上发表,引起国内外数学家的重视.

1936 年,经熊庆来推荐,华罗庚前往英国剑桥留学,拜著名数学家哈代(Hardy,1877—1947)为师.1938 年回国受聘任昆明西南联大教授,这时他年仅 28 岁.

第9节　漫话对数

晴朗的夏夜,天空中繁星点点,有的明有的暗,向地面上的人们眨着眼睛.

怎样衡量恒星的明亮程度呢? 在古代,天文学家把恒星分成六等:把夜空最明亮的星(织女星等)称为一等星,把正常视力所能辨别的星称为六等星.后来,光学和光学仪器发展了,人们又实测了恒星的亮度,发现一等星比六等星亮100倍.

这就带来一个数学问题:星等相差一倍的星,它们的亮度相差多少倍呢?

设六等星的亮度为1个单位,五等星的亮度是它的 R 倍,依次类推,可知一等星的亮度是六等星的 R^5 倍,由此就有了方程: $R^5 = 100$.

那么怎样解这个方程呢? 数学家发明了"对数"这个工具,同时利用特制的对数表和反对数表,极易地解决了这个问题.

把方程两边同时取常用对数,得

$$\lg R^5 = \lg 100$$

所以 $5\lg R = 2$, $\lg R = 0.4$.

查反对数表,得 $R = 2.512$,原来,星等每增加一等,它的亮度增大到原来的2.512 倍.

有了这样的数量关系,就可以用星等表示任何恒星的亮度了.例如,比六等星暗 2.512 倍的星是七等星,比七等星暗 2.512 倍的星是八等星.反之,比一等星亮 2.512 倍的是 -1 等星.天空中最亮的天体是太阳,它的亮度星等是 -26.74,是一等星亮度的 $2.512^{26.74}$ 倍,即 1 250 亿倍.

这个例子说明,"对数"在天文学中有着重要的作用.不仅如此,"对数"在其他领域同样起着重要的作用.在数学领域里,可以这样说,如果没有"对数",恐怕整个数学都要改写.即使是在计算机已经飞速发展的今天,"对数"仍然有它的独特地位.

伟大的马克思主义的创始人之一恩格斯(Friedrich Engels,1820—1895)对于对数的发明给予了很高的评价,在《自然辩证法》这本名著中,他把对数和解析几何、微积分一起并称历史上"最重要的数学方法".

法国著名天文学家、数学家拉普拉斯说:"对数算法使得好几个月的劳作缩短为少数几天,它不仅避免了冗长的计算与偶然的误差,而且实际上使天文学家的生命延长了好多倍."

28

意大利著名物理学家伽利略（Galileo Galilei，1564—1642）甚至声称："给我空间、时间和对数，我可以创造一个宇宙."

那么对数这一工具是怎样诞生的呢？让我们回顾一下对数的历史吧.

意大利航海家哥伦布（Columbus，1451—1506）于 1492 年发现了新大陆——美洲. 葡萄牙航海家麦哲伦（Magellan，1480—1521）及其船队进行了海上环球航行（麦哲伦本人于 1521 年卒于途中，但其船员继续航行，于次年返回欧洲）.

天文、航海事业的快速发展，向数学家提出了大量烦琐的计算课题，迫使人们不得不寻找简化计算的方法. 对数就是在这样的历史条件下应运而生的.

英国的天文学家和数学爱好者纳皮尔（Napier，1550—1617）一生从事对数研究. 约 1594 年，他掌握了对数的基本原理. 1614 年，他在爱丁堡出版了《奇妙的对数规律的描述》一书，书中给出了对数的定义、性质和应用，还首创了"对数"这一术语. 他不辞劳苦，用了整整二十年的时间，创造出第一张对数表.

英国数学家布里格斯（Briggs，1561—1630）建议纳皮尔，把对数的底改为10，以便于计算. 而以 10 为底的对数如今称为常用对数. 第二年，纳皮尔来不及采纳布里格斯的建议就去世了. 布里格斯继承纳皮尔的未竟事业，以毕生精力，创造了以 10 为底的 14 位对数表.

瑞士人比尔奇（Bürgi，1552—1632）是位聪明能干的钟表匠，还是天文仪器的技师. 他在与德国著名的天文学家开普勒（Kepler，1571—1630）一起工作时，经常从事大量艰巨繁重的计算，这迫使他潜心寻求快速计算的方法. 这位并未在学校接受正规数学教育的能工巧匠，于 1600 年左右发现了对数，1610 年写出了专著《对数表》. 但此书于 1630 年才得以出版问世.

纳皮尔与比尔奇都发明了对数，也都花费了数十年的心血，那么他们两人谁先谁后呢？论手稿比尔奇早于纳皮尔，论酝酿纳皮尔又早于比尔奇，所以难以判明哪一位确实在先，一般认为他们两人都是对数的创立者.

1702 年，雅各布·伯努利（Jakob Bernoulli，1654—1705）最先引出了复数的对数概念，开始确立了对数在现代数学中的地位. 尔后他还就对数螺线做了深入的研究，以至于他在遗嘱里要求把对数螺线刻在他的墓碑上.

这里需要说明的是，历史上对数的发明居然早于指数！1614 年，纳皮尔发明了对数和对数表. 1637 年，法国数学家笛卡儿发明了指数，比对数晚了 20 多年. 1770 年，欧拉才第一个指出："对数源于指数." 这时对数和指数已经发明一百多年了.

而我们在中学里是先学指数再学对数的，指数函数与对数函数互为反函数,这样安排是符合认识论的规律的.

对数在中国的出现,是对数发明后不久的事情.1653年,明末清初著名的天文学家、数学家薛凤祚(1599—1680)和波兰传教士穆尼阁(Smogolenski,1611—1656)编译了《比例对数表》,将对数传入了中国.当时把对数译成比例数或假数.

清朝康熙皇帝爱新觉罗·玄烨(1654—1722)对天文学和数学抱有很大的兴趣,曾花费不少时间学习数学.在他主持下编写的《数理精蕴》(1723)中,对于对数有详尽的介绍.

近代著名的数学家和翻译家李善兰(1811—1882)对于对数颇有研究,先后写了关于对数的三本书《弧矢启秘》《对数探源》和《对数回术》,得到了自然对数(以 e=2.718… 为底的对数)的公式

$$\ln x = \frac{x-1}{x} + \frac{1}{2}\left(\frac{x-1}{x}\right)^2 + \frac{1}{3}\left(\frac{x-1}{x}\right)^3 + \frac{1}{4}\left(\frac{x-1}{x}\right)^4 + \cdots \quad (\text{其中 } x \geqslant \frac{1}{2})$$

同一时期的另一位数学家戴煦(1805—1860)在他所著的《对数简法》中,同样得到了计算 $\ln x$ 的公式(1846).运用这个公式进行对数造表计算,比《数理精蕴》的方法要简捷得多.

历史的长河奔流不息.三百多年前的尖端数学——对数,如今已成为中学数学里普通但却重要的内容.由于计算机的普及和飞速发展,一般不需要利用对数来计算了,但是,时代的前进丝毫没有动摇对数在数学理论中的重要地位.

第10节　中国古代数学的瑰宝——杨辉三角

这是一个非凡的图(图10.1),它刊载于七百多年前南宋数学家杨辉的《详解九章算法》(1261)中,我们称其为杨辉三角.杨辉还在书中说,这个图出自贾宪(北宋人,生平不详)的《黄帝九章算经细草》(约1050年完成)一书,但这本书已失传了.

在西方的一些数学史著作中,却把这个图称为"帕斯卡三角",认为是法国数学家帕斯卡(Pascal,1623—1662)于1645年首创的.但这种说法显然不妥,更充分的理由是,继杨辉之后,元代数学家朱世杰在《四元玉鉴》(1303)中就用过这个图形,德国数学家阿皮安努斯(Apianus,1495—1552)于1527年也用过这个图形,这些都比帕斯卡要早.

那么这个图有什么用途呢?

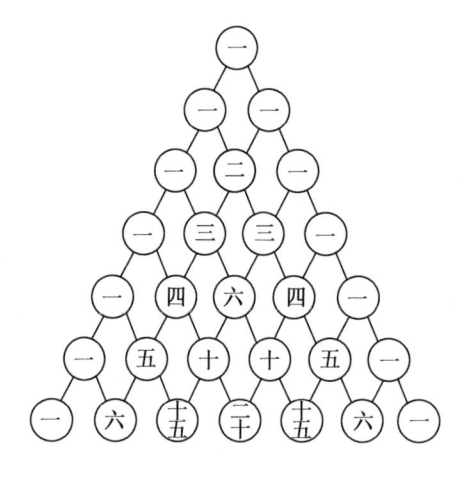

图 10.1

"杨辉三角"这个名称是我们为它取的,它原名叫"开方作法本源"(贾宪的命名).它是用来开方的,这个原理直到今天仍适用.

学过初中数学的人都知道

$$(a+b)^1=a+b$$
$$(a+b)^2=a^2+2ab+b^2$$
$$(a+b)^3=a^3+3a^2b+3ab^2+b^3$$

不难验证

$$(a+b)^4=a^4+4a^3b+6a^2b^2+4ab^3+b^4$$
$$(a+b)^5=a^5+5a^4b+10a^3b^2+10a^2b^3+5ab^4+b^5$$
$$(a+b)^6=a^6+6a^5b+15a^4b^2+20a^3b^3+15a^2b^4+6ab^5+b^6$$

原来,这个图表示的是 $(a+b)^n$ 当 $n=1,2,3,4,5,6$ 时展开式的系数.

在高中数学里,有一个很重要的定理——二项式定理,即

$$(a+b)^n=C_n^0a^n+C_n^1a^{n-1}b+C_n^2a^{n-2}b^2+\cdots+C_n^ra^{n-r}b^r+\cdots+C_n^nb^n$$

其中 $C_n^m=\dfrac{n(n-1)(n-2)\cdot\cdots\cdot(n-m+1)}{m(m-1)(m-2)\cdot\cdots\cdot3\cdot2\cdot1}=\dfrac{n!}{m!(n-m)!}$,$C_n^m$ 叫作从 n 个不同元素中任取 m 个不同元素的组合数,$n!=n(n-1)(n-2)\cdot\cdots\cdot3\cdot2\cdot1$,叫作 n 的阶乘.

利用上面的术语,杨辉三角就是二项式 $(a+b)^k$ 当 $k=0,1,2,\cdots,n$ 时,展开式的系数所排成的一个数表.

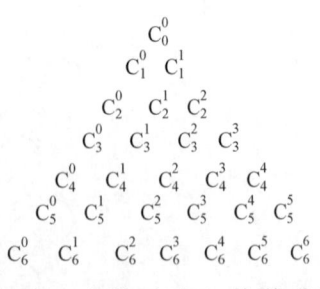

著名的瑞士数学家雅各布·伯努利对杨辉三角赞叹不已,他说:"这表具有一系列奇妙的性质!"下面让我们浏览一下这张表所具有的奇妙性质.

(1)对称性:每行中与首末两端等距离的两个数是相等的,即 $C_n^m = C_n^{n-m}$.

(2)递归性:除 1 以外的数都等于它左右肩膀上的两个数之和,即 $C_{n+1}^m = C_n^m + C_n^{m-1}$.

(3)行之和:第 $n+1$(n 从 0 开始)行所有数的和等于 2^n,即 $C_n^0 + C_n^1 + \cdots + C_n^n = 2^n$.

(4)自腰上的某个 1 开始,平行于腰的一条直线上连续 $m+1$ 个数的和,等于最后一个数斜下方的那个数,即 $C_n^0 + C_{n+1}^1 + C_{n+2}^2 + \cdots + C_{n+m}^m = C_{n+m+1}^m$.

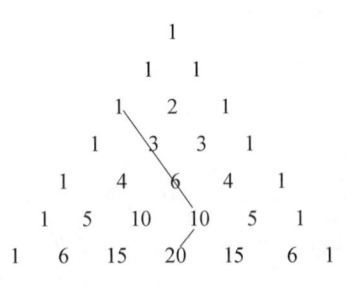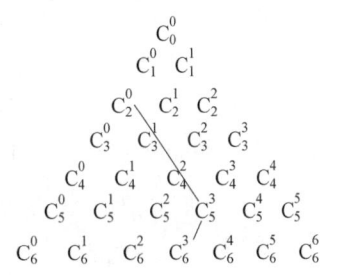

例如,$C_2^0 + C_3^1 + C_4^2 + C_5^3 = C_6^3$,即 $1 + 3 + 6 + 10 = 20$.

(5)第 n 行各数的平方和等于第 $2n$ 行中间的那个数,即

$$(C_n^0)^2 + (C_n^1)^2 + (C_n^2)^2 + \cdots + (C_n^n)^2 = C_{2n}^n$$

例如,$(C_4^0)^2 + (C_4^1)^2 + (C_4^2)^2 + (C_4^3)^2 + (C_4^4)^2 = C_8^4$,即 $1^2 + 4^2 + 6^2 + 4^2 + 1^2 = 70$.

雅各布·伯努利还说:"我们只不过证明了寓在其中的组合的实质,但是熟悉几何学的人还懂得,其中还隐藏着全部数学的一些秘诀."

是这样的吗?还是让事实来说话吧.

杨辉三角可以用于求高阶等差数列前 n 项的和.什么是高阶等差数列呢?如果一个数列从第二项起,每一项减去它前面一项的差是相等的,那么这个数列就叫等差数列.如果一个数列这样得到的差并不相等,而是组成一个新的等

差数列,那么这个数列就叫作二阶等差数列.依此类推,可以定义三阶、四阶⋯⋯的等差数列.二阶和二阶以上的等差数列叫作高阶等差数列.下面就是利用杨辉三角求出的一阶和高阶等差数列前 n 项和的例子

$$1+2+3+\cdots+n=\frac{1}{2}n(n+1)$$

$$1^2+2^2+3^2+\cdots+n^2=\frac{1}{6}n(n+1)(2n+1)$$

$$1^3+2^3+3^3+\cdots+n^3=\frac{1}{4}n^2(n+1)^2$$

$$1^4+2^4+3^4+\cdots+n^4=\frac{1}{30}n(n+1)(6n^3+9n^2+n-1)$$

$$1^5+2^5+3^5+\cdots+n^5=\frac{1}{12}n(n+1)^2(2n^2+2n-1)$$

$$1^6+2^6+3^6+\cdots+n^6=\frac{1}{42}n(n+1)(2n+1)(3n^4+6n^3-3n+1)$$

在中国古代数学中,对高阶等差数列的求和问题有很深的研究,在世界数学史上写下了辉煌的一页.杨辉给出了自然数的平方和公式,朱世杰能巧妙地解决四阶等差数列求和这一难度很大的问题.而欧洲会用三阶等差数列计算自然数的立方和,但那是 17 世纪的事,比中国迟了三四百年.

杨辉三角与斐波那契(Fibonacci,1175—1250)数列联系起来,有很精彩的结果,可参见本书第 17 节.

在高等数学中,杨辉三角同样有显赫的地位.

(1)在部分分式的变形中,杨辉三角可以起简化计算的作用.

(2)杨辉三角中的行列式与矩阵有许多精彩的性质.

(3)利用概率模型能"批量"生产关于组合数的恒等式.

(4)把杨辉三角进行简化、推广或改进,应用起来会更加得心应手.

1994 年,我国数学家万哲先从二项式系数出发,论证了 Gauss 系数的性质,说明这两者之间有惊人的相似之处.这是杨辉三角深层次的应用.

(注:设 m 是非负整数,q 是非 1 的复数,而 x 是未定元,令

$$\begin{bmatrix} x \\ m \end{bmatrix}_q=\frac{(1-q^x)(1-q^{x-1})\cdot\cdots\cdot(1-q^{x-(m-1)})}{(1-q^m)(1-q^{m-1})\cdot\cdots\cdot(1-q)}$$

我们把 $\begin{bmatrix} x \\ m \end{bmatrix}_q$ 称为 Gauss 系数.)

杨辉三角是我国古代数学的瑰宝,中国人为此而感到自豪,它又是现代数学的一个"富矿",等待人们去开采.

妙趣话题

第 2 章

第 11 节　美丽的正五角星

我国国旗上的图案是由正五角星组成的.正五角星是一个美妙无比的几何图形.

在正五角星中,有五条线段十个交点,每条线段上有四个点,每点在两条线段上,如图 11.1 所示.这就使我们解决了一个数学游戏问题:十棵树栽成五行,每行四棵树,每棵树在两行上,如何栽?

图 11.1

正五角星内有二十五个角:十五个是锐角,十个是钝角.锐角可分为两类,较小的一类锐角有五个,都等于 $36°$,较大的一类锐角有十个,都等于 $72°$.钝角有十个,都等于 $108°$.这三种角的大小之比是 $1:2:3$.如图 11.2 所示,$\angle 1=36°$,$\angle 2=72°$,$\angle 3=108°$.

34

正五角星中长短不一的线段有四种,长度分别为 $a,b,a+b$ 和 $a+2b$,它们的长构成等比数列:$\dfrac{b}{a}=\dfrac{a+b}{b}=\dfrac{a+2b}{a+b}$,公比 $q=\dfrac{b}{a}=\dfrac{\sqrt{5}-1}{2}\approx 0.618$. 这表明正五角星的五个自交点都位于它所在线段的黄金分割处. 所以看起来特别舒服. 而且,五个自交点是一个小的正五边形的顶点,如图 11.3 所示.

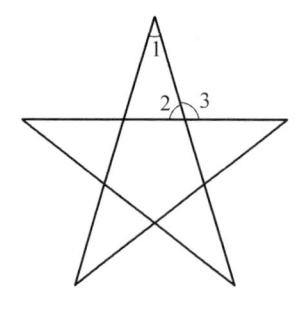 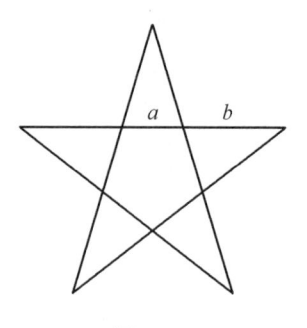

图 11.2　　　　　　　　　　图 11.3

正五角星中有多少个三角形呢? 锐角三角形、钝角三角形各有五个. 这五个锐(钝)角三角形是全等的等腰三角形,如图 11.4 所示.

 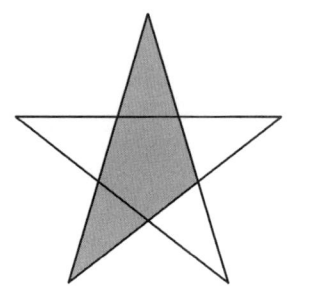

图 11.4

正五角星的轮廓线组成了一个凹的十边形. 这也是一个非常美丽的几何图形,如图 11.5 所示. 设正五角星的外接圆半径为 1,那么其轮廓线所围成的面积等于多少呢? 它的面积是其外接圆面积的几分之几呢? 下面我们来探讨这两个有趣的问题.

如图 11.6 所示,设正五角星的外接圆圆心为 O,半径为 1,轮廓线 $A_1B_1A_2B_2A_3B_3A_4B_4A_5B_5$ 的顶点 A_1,A_2,A_3,A_4,A_5 在圆 O 上,联结 OA_1,OA_2,OB_1,A_1A_2,设 $A_1B_1=b$,首先计算 b.

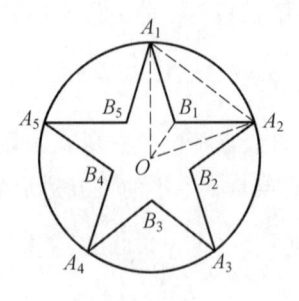

图 11.5 图 11.6

在 $\triangle A_1OB_1$ 中，$OA_1=1$，$\angle A_1OB_1=36°$，$\angle A_1B_1O=126°$，由正弦定理，知

$$\frac{b}{\sin 36°}=\frac{1}{\sin 126°}$$

所以 $b=\dfrac{\sin 36°}{\sin 126°}=\tan 36°$。

又因为 $\sin 36°=\dfrac{\sqrt{10-2\sqrt{5}}}{4}$，所以 $\cos 36°=\dfrac{\sqrt{5}+1}{4}$，所以

$$\tan 36°=\frac{\sqrt{10-2\sqrt{5}}}{\sqrt{5}+1}=\sqrt{5-2\sqrt{5}}$$

即 $A_1B_1=b=\sqrt{5-2\sqrt{5}}$。

然后，计算正五角星轮廓线所围成区域的面积，注意到外接圆半径为 1，则

$$S=5(S_{\triangle A_1OA_2}-S_{\triangle A_1B_1A_2})$$
$$=\frac{5}{2}(\sin 72°-b^2\sin 108°)$$
$$=\frac{5}{2}\sin 72°(1-b^2)$$
$$=\frac{5}{2}\cos 18°(2\sqrt{5}-4)$$
$$=\frac{5}{4}(\sqrt{5}-2)\sqrt{10+2\sqrt{5}}$$
$$=\frac{5}{4}\sqrt{50-22\sqrt{5}}$$

这样就解决了第一个问题，即外接圆半径为 1 的正五角星的轮廓线所围成的面积为 $\dfrac{5}{4}\sqrt{50-22\sqrt{5}}$，而外接圆的面积 $S'=\pi$，所以

$$\frac{S}{S'}=\frac{\frac{5}{4}\sqrt{50-22\sqrt{5}}}{\pi}\approx\frac{1.122\ 6}{3.141\ 6}$$

36

化成连分数是 $\dfrac{S}{S'} = [2,1,3,1,23,11,1,3]$.

第四个连分数是 $\cfrac{1}{2+\cfrac{1}{1+\cfrac{1}{3+\cfrac{1}{1}}}} = \dfrac{5}{14}$.

第五个连分数是 $\cfrac{1}{2+\cfrac{1}{1+\cfrac{1}{3+\cfrac{1}{1+\cfrac{1}{23}}}}} = \dfrac{119}{333}$.

所以,正五角星的轮廓线围成的面积,约占其外接圆面积的 $\dfrac{5}{14}$ 或 $\dfrac{119}{333}$.这样就解决了第二个问题.

那么怎样作正五角星呢? 先把一个圆五等分,再从某一点出发,联结每隔一个点的两个点,即可得到一个正五角星.

一般地,由凸多边形的边或对角线组成的封闭图形叫作星形.当星形的每一顶点所对的顶点数相同时,则称为正规星形.当星形可以用一笔画成时,则称之为素星形.

正五角星每个顶点所对的顶点数均为 0,所以它是正规星形.正五角星可以一笔画成,所以它还是素星形.下面的图 11.7 是非正规星形,但是素星形.图 11.8 是正规星形,但不是素星形.我们把由几个素星形合成的星形称为合星形.

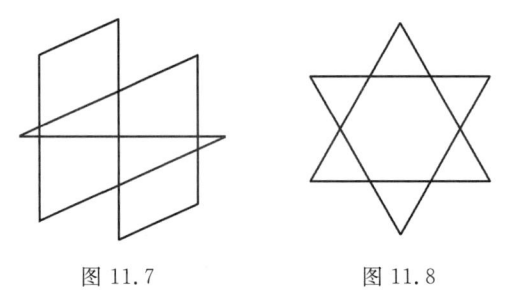

图 11.7　　　　　　图 11.8

下面是一个有趣的问题:一个圆上有 $n(n \geqslant 3)$ 个点,我们打算从某一点出发,联结每相隔 $r\left(0 \leqslant r < \dfrac{n}{2} - 1\right)$ 个点的两点成为边,试问:当 n 与 r 满足什么关系时,能得到一个正规素星形呢?

答案是:只要 n 与 $r+1$ 是互质数就能办得到.例如,当 $n=15$ 时,与 n 互质的数有四个:1,2,4,7,所以 $r=0,1,3,6$. 图 11.9 就是当 $n=15$ 时的所有正规素星形.

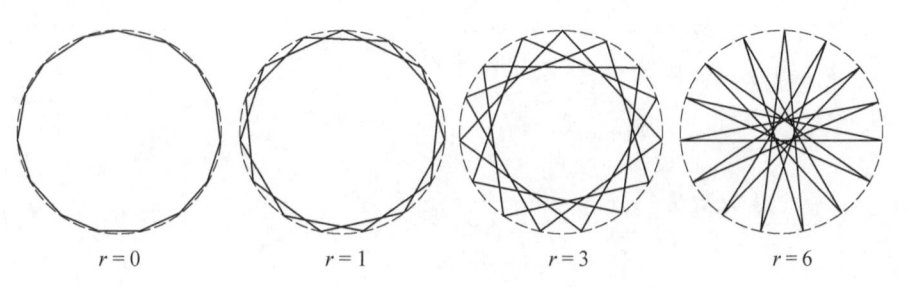

$$r=0 \qquad r=1 \qquad r=3 \qquad r=6$$

图 11.9

像这样的素星形有多少个呢? 当边数 n 给定时,这样的素星形有 $\frac{1}{2}\varphi(n)$ 个,其中 $\varphi(n)$ 是常见的数论函数,也叫欧拉函数,它表示不大于 n 且与 n 互质的数的个数. 计算 $\varphi(n)$ 的公式是

$$\varphi(n)=n(1-\frac{1}{p_1})(1-\frac{1}{p_2})\cdots(1-\frac{1}{p_k})$$

其中 $n=p_1^{a_1}p_2^{a_2}\cdots p_k^{a_k}$($p_1,p_2,\cdots,p_k$ 为不同的素因数),例如 $\varphi(15)=15(1-\frac{1}{3})\cdot(1-\frac{1}{5})=8$.

当 n 个点是圆的 n 等分点时,这样生成的星形叫作正星形. 正五角星就是正星形.

正星形有许多性质,例如,联结每相隔 r 个点的两点得到的正 n 边星形,它有 nr 个不同的自交点,这些自交点分别在 r 个"层次"上,每一层上有 n 个自交点,分别构成一个比一个小 1 的正星形(素的或合的). 例如,正五角星是生成数为 1 的素星形,它有五个自交点,这五个点又构成一个生成数为 0 的正星形(即正五边形),参见图 11.1.(注:所谓生成数为 r 是指把每隔 r 个点的两点联结成星形.)

1951 年,我国著名的数学家、数学教育家傅种孙(1898—1962)在《中国数学杂志》上发表了一篇名为《从五角星谈起》的文章,开启了星形研究的先河.

三角形、四边形等凸多边形都属于折线形的特殊图形. 自欧几里得的《几何原本》问世以来的两千多年里,所研究的平面图形都是这样一些特殊的折线. 1970 年,我国著名的初等数学专家杨之(即杨世明)正式提出了一般折线的研究课题.

在一般折线的研究上,熊曾润(1937—2016)和笔者做出了显著的贡献. 熊

38

曾润教授所著的《平面闭折线趣探》《趣谈闭折线的 k 号心》(与曾建国合著)是其折线研究的重要成果.将平面几何中的许多经典定理,如西姆森(R. Simson,1687—1768)定理、勒穆瓦纳(Emile Lemoine,1840—1912)定理推广到了平面闭折线中,特别是提出了平面闭折线的"k 号心"概念,并将其推广到了空间闭折线中.笔者的《星形大观及平面闭折线论》(《五角星·星形·平面闭折线》补充后的再版)对星形做了系统全面的研究,对其生成法则、结构性质和度量性质做了深入的探讨,并对一般平面闭折线的基本性质,尤其是结构性质做了较为深入的介绍.

第 12 节　奇妙的"缺 8 数"

很多中国人都喜欢"8"这个特别的数字,因为"8"与"发"谐音,有发财、发达的含义.但是,有一个 8 位数 12 345 679,这个数里缺少 8,我们将其称为"缺 8 数".它有诸多奇妙的性质.

因为 12 345 679＝333 667×37,所以"缺 8 数"是一个合数."缺 8 数"和它的两个因数 333 667,37,这三个数之间有一种奇特的关系.因数 333 667 的首尾两个数 3 和 7 就组成了另一个因数 37.而"缺 8 数"本身的数字之和 1＋2＋3＋4＋5＋6＋7＋9 也等于 37.可见"缺 8 数"与 37 天生结了缘.缺 8 的这种独特的数字结构,使人们对它刮目相看

$$12\ 345\ 679 \times 9 = 111\ 111\ 111$$
$$12\ 345\ 679 \times 18 = 222\ 222\ 222$$
$$12\ 345\ 679 \times 27 = 333\ 333\ 333$$
$$\cdots$$
$$12\ 345\ 679 \times 81 = 999\ 999\ 999$$

这就是说,用 9,18,…,81(它们是 9 的倍数)去乘"缺 8 数",乘积是清一色数字的九位数.

再用"缺 8 数"分别乘以 9,12,15,…,78,81(它们是 3 的倍数),有

$$12\ 345\ 679 \times 9 = 111\ 111\ 111$$
$$12\ 345\ 679 \times 12 = 148\ 148\ 148$$
$$12\ 345\ 679 \times 15 = 185\ 185\ 185$$
$$\cdots$$
$$12\ 345\ 679 \times 75 = 925\ 925\ 925$$

$$12\ 345\ 679 \times 78 = 962\ 962\ 962$$
$$12\ 345\ 679 \times 81 = 999\ 999\ 999$$

所得的九位数全由"三位一体"的数字组成！

当乘数不是 3 的倍数时，又会是怎样的结果呢？先看一位数的情形

$$12\ 345\ 679 \times 1 = 12\ 345\ 679（缺\ 0\ 和\ 8）$$
$$12\ 345\ 679 \times 2 = 24\ 691\ 358（缺\ 0\ 和\ 7）$$
$$12\ 345\ 679 \times 4 = 49\ 382\ 716（缺\ 0\ 和\ 5）$$
$$12\ 345\ 679 \times 5 = 61\ 728\ 395（缺\ 0\ 和\ 4）$$
$$12\ 345\ 679 \times 7 = 86\ 419\ 753（缺\ 0\ 和\ 2）$$
$$12\ 345\ 679 \times 8 = 98\ 765\ 432（缺\ 0\ 和\ 1）$$

上面的乘积中，都不缺数字 3,6,9，而都缺 0，缺的另一个数字是 8,7,5,4,2,1，且从大到小依次出现.

再看乘数是两位数的情形

$$12\ 345\ 679 \times 10 = 123\ 456\ 790（缺\ 8）$$
$$12\ 345\ 679 \times 11 = 135\ 802\ 469（缺\ 7）$$
$$12\ 345\ 679 \times 13 = 160\ 493\ 827（缺\ 5）$$
$$12\ 345\ 679 \times 14 = 172\ 839\ 506（缺\ 4）$$
$$12\ 345\ 679 \times 16 = 197\ 530\ 864（缺\ 2）$$
$$12\ 345\ 679 \times 17 = 209\ 876\ 543（缺\ 1）$$

以上乘积中仍不缺 3,6,9，但再也不缺 0 了，而缺少的另一个数与前面的类似，按大小的次序各出现一次.继续乘下去会发现，当乘数在区间 19～26（区间长度为 7）时，这种数字出现"轮休"的局面，又会周期性地重复出现.

现在，我们把乘数依次换为 10,19,28,37,46,55,64,73（它们组成公差为 9 的等差数列）

$$12\ 345\ 679 \times 10 = 123\ 456\ 790$$
$$12\ 345\ 679 \times 19 = 234\ 567\ 901$$
$$12\ 345\ 679 \times 28 = 345\ 679\ 012$$
$$12\ 345\ 679 \times 37 = 456\ 790\ 123$$
$$12\ 345\ 679 \times 46 = 567\ 901\ 234$$
$$12\ 345\ 679 \times 55 = 679\ 012\ 345$$
$$12\ 345\ 679 \times 64 = 790\ 123\ 456$$
$$12\ 345\ 679 \times 73 = 901\ 234\ 567$$

以上乘积全是"缺 8 数"！数字 1,2,3,4,5,6,7,9 像走马灯似的，依次轮流

40

出现在各个数位上. 我们继续做乘法

$$12\ 345\ 679\times 9=111\ 111\ 111$$

$$12\ 345\ 679\times 99=1\ 222\ 222\ 221$$

$$12\ 345\ 679\times 999=12\ 333\ 333\ 321$$

...

$$12\ 345\ 679\times 99\ 999\ 999=1\ 234\ 567\ 887\ 654\ 321$$

$$12\ 345\ 679\times 999\ 999\ 999=12\ 345\ 678\ 987\ 654\ 321$$

奇迹出现了! 等号右边全是回文数(从左读到右或从右读到左是同一个数). 而且,这些回文数全是"阶梯式"上升和下降的,和谐、优美、动人.

关于"缺 8 数",有一种"回文结对,携手共进"的现象,饶有趣味. 例如

$$\begin{cases} 12\ 345\ 679\times 13=160\ 493\ 827 \\ 12\ 345\ 679\times 14=172\ 839\ 506 \end{cases}$$

上面两个算式的积都是九位数,除首位数 1 之外,两个积数分别是 60 493 827 和 72 839 506. 把前者取回文数,并且将 4 换成 5,就是第二个积数.

类似地,把"缺 8 数"分别乘以数对 $(22,23),(31,32),(40,41),(49,50),(58,59),(67,68),(76,77)$ 的每一个数,也有这样的规律:除首位数外,将第一个积数取回文数,且将 4 换成 5,就得到第二个积数

$$\begin{cases} 12\ 345\ 679\times 22=271\ 604\ 938 \\ 12\ 345\ 679\times 23=283\ 950\ 617 \end{cases}$$

$$\begin{cases} 12\ 345\ 679\times 31=382\ 716\ 049 \\ 12\ 345\ 679\times 32=395\ 061\ 728 \end{cases}$$

...

$$\begin{cases} 12\ 345\ 679\times 67=827\ 160\ 493 \\ 12\ 345\ 679\times 68=839\ 506\ 172 \end{cases}$$

$$\begin{cases} 12\ 345\ 679\times 76=938\ 271\ 604 \\ 12\ 345\ 679\times 77=950\ 617\ 283 \end{cases}$$

更令人惊奇的是,把 $\frac{1}{81}$ 化成小数,这个小数也是"缺 8 数",即

$$\frac{1}{81}=0.012\ 345\ 679\ 012\ 345\ 679\ 012\ 345\ 679\cdots$$

为什么别的数字都不缺,唯独缺少 8 呢? 原来 $\frac{1}{81}=\frac{1}{9}\times\frac{1}{9}=0.111\ 1\cdots\times 0.111\ 1\cdots$. 这里的 $0.111\ 1\cdots$ 是无穷小数,在小数点后面有无穷多个 1.

"缺 8 数"的奇妙性质集中体现在大量地出现数字循环的现象上. 循环小数

和循环群,这是现代数学研究的一个内容."缺 8 数"的精细结构和奇特性质,已经引起了人们浓厚的兴趣.其中的奥秘,人们一定会把它全部揭开.

第 13 节 "走马灯数"走马看花

六位数 142 857,它缺少 0,3,6,9,看似平凡,其实它非常的神秘!

中国人把 142 857 称为"走马灯数".为什么这样称呼呢?请看

$$142\ 857 \times 1 = 142\ 857$$
$$142\ 857 \times 2 = 285\ 714$$
$$142\ 857 \times 3 = 428\ 571$$
$$142\ 857 \times 4 = 571\ 428$$
$$142\ 857 \times 5 = 714\ 285$$
$$142\ 857 \times 6 = 857\ 142$$

我们发现,把 142 857 分别乘以 1,2,3,4,5,6,所得的乘积仍是 1,4,2,8,5,7 这六个数字的重新排列,而且有明显的规律.

如图 13.1 所示,外圈填的数字,按顺时针方向读出,就是原数 142 857.内圈填的数字分别是乘数 1,3,2,6,4,5,箭头所指就是乘积的首位数,再按顺时针方向读出乘积.

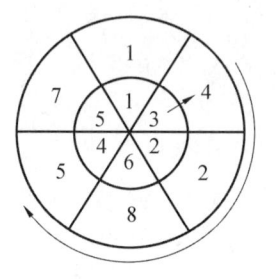

图 13.1

例如,内圈的 3(乘数)对着外圈的 4(积的首位数),这表明 142 857 × 3 = 428 571.

走马灯是具有中国传统特色的灯笼.灯笼内的蜡烛点燃后,热力产生的气流驱动轮轴旋转,绘有古代武将骑马射箭的图画就随之转动,你追我赶,故名为"走马灯".

在图 13.1 中,142 857 乘以 1 到 6 的结果,按次序"走马灯"般地出现,因此人们就把数 142 857 称为"走马灯数".

设 $n \in \mathbf{N}^*$,我们考察"走马灯数"乘以自然数 n(即 142 857n)的规律.

当乘数 n 不是 7 的倍数时,有

$$142\ 857 \times 8 = 1\ 142\ 856$$

积是七位数 1 142 856,它的首位数码为 1,后 6 位数码为 142 856,然后 1+142 856=142 857,哈哈,"走马灯数"出现了!

为了方便,把此过程记为

$$142\ 857 \times 8 = 1\ 142\ 856 \Rightarrow 1 + 142\ 856 = 142\ 857$$

类似地,有

$$142\ 857 \times 9 = 1\ 285\ 713 \Rightarrow 1 + 285\ 713 = 285\ 714$$
$$142\ 857 \times 10 = 1\ 428\ 570 \Rightarrow 1 + 428\ 570 = 428\ 571$$

......

$$142\ 857 \times 19 = 2\ 714\ 283 \Rightarrow 2 + 714\ 283 = 714\ 285$$
$$142\ 857 \times 20 = 2\ 857\ 140 \Rightarrow 2 + 857\ 140 = 857\ 142$$

让 n 大一点,如当 $n = 123$ 时,有

$$142\ 857 \times 123 = 17\ 571\ 411 \Rightarrow 17 + 571\ 411 = 571\ 428$$

当 $n = 142\ 857$ 时,有

$$142\ 857^2 = 20\ 408\ 122\ 449 \Rightarrow 20\ 408 + 122\ 449 = 142\ 857$$

依然"走马灯"啊!

让 n 再大一些,如当 $n = 71\ 234\ 568$ 时,有

$$142\ 857 \times 71\ 234\ 568 = 10\ 176\ 356\ 680\ 776(12\ \text{位数})$$
$$\Rightarrow 10 + 176\ 356 + 680\ 776 = 857\ 142$$

一般地,当 142 857n 是一个 $6m + k$($m \in \mathbf{N}^*$,$k = 1, 2, 3, 4, 5$)位数时,我们把此数切割成 m 部分,前 k 位数码字为 a ,接着的 6 位数码字为 b ,再接着的 6 位为 c ,……,那么 $a + b + c + \cdots$ 总是由数字 1,4,2,8,5,7 组成的六位数.

至此,乘积"走马灯"已很明显了!

我们再看一个有趣的规律:1+4+2+8+5+7=27,而 2+7=9,142+857=999,14+28+57=99.

以上说明,"走马灯数"本身与 9 密不可分!

有趣的是,当乘数 n 是 7 的倍数时,有

$$142\ 857 \times 7 \times 1 = 999\ 999 \Rightarrow 0 + 999\ 999 = 999\ 999$$
$$142\ 857 \times 7 \times 2 = 1\ 999\ 998 \Rightarrow 1 + 999\ 998 = 999\ 999$$
$$142\ 857 \times 7 \times 3 = 2\ 999\ 997 \Rightarrow 2 + 999\ 997 = 999\ 999$$

......

$$142\ 857\times7\times6=5\ 999\ 994\Rightarrow5+999\ 994=999\ 999$$
$$142\ 857\times7\times7=6\ 999\ 993\Rightarrow6+999\ 993=999\ 999$$
$$142\ 857\times7\times8=7\ 999\ 992\Rightarrow7+999\ 992=999\ 999$$
$$142\ 857\times7\times9=8\ 999\ 991\Rightarrow8+999\ 991=999\ 999$$
$$\cdots\cdots$$

让 n 大一点,例如,当 $n=7\times99$ 时,有
$$142\ 857\times7\times99=98\ 999\ 901(8\ 位数)\Rightarrow98+999\ 901=999\ 999$$

让 n 再大一些,例如,当 $n=7\times77\ 777\ 779$ 时,有
$$142\ 857\times7\times77\ 777\ 779=77\ 777\ 701\ 222\ 221(14\ 位数)$$
$$\Rightarrow77+777\ 701+222\ 221=999\ 999$$

一般地,当 $142\ 857\times7n$ 是一个 $6m+k(m\in\mathbf{N}^*,k=1,2,3,4,5)$ 位数时,我们把此数切割成 m 部分,前 k 位数码为 a,接着的 6 位数码为 b,再接着的 6 位数码为 c,……,那么总有 $a+b+c+\cdots=999\ 999$.

意想不到的是,"走马灯数"与循环小数还有着千丝万缕的联系!请看:

$\dfrac{1}{7}=0.142\ 857\ 142\ 857\cdots$,小数部分的循环节为 $142\ 857$.

$\dfrac{2}{7}=0.285\ 714\ 285\ 714\cdots$,小数部分的循环节为 $285\ 714$.

$\dfrac{3}{7}=0.428\ 571\ 428\ 571\cdots$,小数部分的循环节为 $428\ 571$.

$\dfrac{4}{7}=0.571\ 428\ 571\ 428\cdots$,小数部分的循环节为 $571\ 428$.

$\dfrac{5}{7}=0.714\ 285\ 714\ 285\cdots$,小数部分的循环节为 $714\ 285$.

$\dfrac{6}{7}=0.857\ 142\ 857\ 142\cdots$,小数部分的循环节为 $857\ 142$.

从以上式子不难看出,分数 $\dfrac{p}{7}(p\in\mathbf{N}^*)$ 是循环小数,小数部分的循环节是数字 $1,4,2,8,5,7$ 的一个排列.

为什么会这样啊?因为
$$142\ 857\times7=999\ 999$$
所以
$$0.142\ 857\times7=0.999\ 999$$
所以
$$0.1\dot{4}2\ 8\dot{5}7\times7=0.\dot{9}99\ 99\dot{9}=1$$

所以

$$\frac{1}{7}=0.\dot{1}4285\dot{7}$$

接着,根据乘积"走马灯"的规律可知 $\frac{p}{7}$($p\in\mathbf{N}^*$)的性质.

形如 $7n$ 的数的个数与"走马灯数"有着不解之缘!

现在,我们按如下方式统计数字 7 的倍数出现的个数:

10 以内有 7,共 1 个.

100 以内有 $7,7\times2,\cdots,7\times14$,共 14 个.

1 000 以内有 $7,7\times2,\cdots,7\times142$,共 142 个.

10 000 以内有 $7,7\times2,\cdots,7\times1\,428$,共 1 428 个.

100 000 以内有 $7,7\times2,\cdots,7\times14\,285$,共 14 285 个.

1 000 000 以内有 $7,7\times2,\cdots,7\times142\,857$,共 142 857 个.

……

可见,7 的倍数的个数竟与"走马灯数"有关. 为什么会这样呢? 联想到 142 857×7＝999 999 就释然了.

"走马灯数"最先是在古埃及金字塔里被发现的. 在神秘的古代陵寝里,身姿优雅且性子执拗的 142 857,人们为发现它而惊叹不已.

有人说:142 857 这个数是通往宇宙的密码.

有人说:142 857 这个数可以把人类"想疯".

真的这样吗? 非也.

其实,解释这个数并不需要高深的数学知识,只用初等数论即可. 可见在研究神奇的数之余,切莫将它神秘化.

第 14 节 "黑洞数"传奇

在银河系中心,有一个超大质量的神秘天体名叫"黑洞". 在它的附近,无论什么物质都会被吞噬,就像掉进无底深洞一样,永远也逃逸不出来.

在浩繁的数字运算中,也有一种奇怪的现象:任意一个自然数,如果按某种特定的运算程序持续演算下去,迟早会进入一个数或一组数的"死"循环. 我们就把这个数或这一组数形象地称为一个"黑洞",这个"黑洞"中的数就叫作"黑洞数".

(1)关于"495 黑洞"和"6 174 黑洞".

任取一个三位数,把数字重新排列,用最大的数减去最小的数,再将所得的差也像这样重排后相减,如此重复进行.将这样的运算程序叫作"重排相减",记为 T.

如果这个三位数的数字全相同,例如 999,施行 T 运算:$999-999=0$,立刻进入了一个"黑洞",记为(0),表示 0 是一个黑洞.但是,这种情况过于简单,我们不予研究.

对于任意一个数字不全相同的三位数,例如 315,我们进行 T 运算,得
$$315 \to 531-135=396$$
$$396 \to 963-369=594$$
$$594 \to 954-459=495$$
$$495 \to 954-459=495$$
$$\cdots$$

只需三步就陷入了一个黑洞(495),495 就是一个黑洞数.

再换一个数试试
$$120 \to 210-012=198$$
$$198 \to 981-189=792$$
$$792 \to 972-279=693$$
$$693 \to 963-369=594$$
$$594 \to 954-459=495$$
$$495 \to 954-459=495$$
$$\cdots$$

仅用五步还是进入了这个黑洞(495)!

能证明这个规律吗?能!下面就是一般的证明.

证明三位数的情形.任取三位数 $n=[b_3 b_2 b_1]$(其中[ ]表示数码的排序),不妨设 $b_3 \geqslant b_2 \geqslant b_1$,且 $b_3 \neq b_1$,对 n 施行重排相减运算 T,得
$$T(n)=[b_3 b_2 b_1]-[b_1 b_2 b_3]=[(b_3-b_1-1)9(10+b_1-b_3)]$$

上式中,十位数字为 9,而百位与个位数字之和为 9,因为 $(b_3-b_1-1)+(10+b_1-b_3)=9$,因此 $T(n)$ 只可能是如下五个值之一:990,891,792,693,594,再对这五个数进行 T 运算,结果是
$$990 \to 891 \to 792 \to 693 \to 594 \to 495$$

这说明任意一个数字不全相同的三位数,最多只需施行 5 次 T 运算,即可陷入黑洞(495).证毕.

数苑漫步

由于这个运算程序是美国数学家卡普雷卡尔(Kaprekar)最先提出的,所以又称"卡普雷卡尔运算".

四位数的黑洞数是多少呢? 随便举一个数,例如 9 998,9 998→9 998－8 999＝999→9 990,注意:因为我们考虑的是四位数问题,所以需要把 999 右边补上 0,变成 9 990,接着再施行 T 运算,得

$$9\ 990 \to 9\ 990 - 0\ 999 = 8\ 991$$
$$8\ 991 \to 9\ 981 - 1\ 899 = 8\ 082$$
$$8\ 082 \to 8\ 820 - 0\ 288 = 8\ 532$$
$$8\ 532 \to 8\ 532 - 2\ 358 = 6\ 174$$
$$6\ 174 \to 7\ 641 - 1\ 467 = 6\ 174$$

......

可见,四位数的黑洞数是 6 174.同样可以仿照三位数情形加以证明.

再看:数字不同的两位数的黑洞数是什么呢? 令人意外的是,没有黑洞数,而是在 09,81,63,27,45 这五个数之间循环,就像钢琴里的圆舞曲旋律不断重复一样,所以有人称其为卡普雷卡尔圆舞曲.

现已知,k 位数($k>4$)有的存在几个卡普雷卡尔圆舞曲,有的存在几个黑洞数,有的两者皆有.只有三位数和四位数有唯一的黑洞数(495 和 6 174).

(2)关于"123 黑洞".

任取一个自然数,数出其数码中偶数的个数、奇数的个数以及总的位数.例如 831 415 926 535,其偶数个数为 4,奇数个数为 8,总的位数为 12,按"偶,奇,总"的位序排列,得到的新数为 4 812.

重复上述步骤:

4 812 中有 3 个偶数,1 个奇数,位数是 4,于是得到 314.

314 中有 1 个偶数,2 个奇数,位数是 3,于是得到 123.

仅两步就得到了 123 这个黑洞数.

当该数是一位数时,例如 3,程序是这样的:

3 中有 0 个偶数,1 个奇数,位数为 1,于是得到 011.

011 中有 1 个偶数,2 个奇数,位数为 3,于是得到 123,也是两步到位.

下面我们把自然数称为数字串.如果对数字串按"偶,奇,总"的位序排列的规则重复施行,必然会陷入"123"黑洞中.数字串"123"也称西西弗斯串.西西弗斯的故事出自古希腊神话:科林斯国王西西弗斯被罚将一块巨石推到一座山上,但这块石头总是在到达山顶之前不可避免地滚落下来,这样反复推落,永无休止.

2010 年 5 月,中国科技爱好者秋屏先生在《"西西弗斯串(数学黑洞)"现象与其证明》一文中给出了数学证明,破解了这一数学之谜.

(3)关于"153 黑洞".

任取一个 3 的倍数的自然数,例如 12 459,把此数每一个数位上的数字立方后,再相加,得到一个新数,即

$$12\ 459 \rightarrow 1^3 + 2^3 + 4^3 + 5^3 + 9^3 = 927$$

重复上述步骤:

$927 \rightarrow 9^3 + 2^3 + 7^3 = 1\ 080.$

$1\ 080 \rightarrow 1^3 + 0^3 + 8^3 + 0^3 = 513.$

$513 \rightarrow 5^3 + 1^3 + 3^3 = 153.$

这样就陷入了一个黑洞(153).

一个数的数码的立方和等于它本身,这是一些饶有趣味的数.还有趣味的水仙花数、玫瑰花数和五角星数.

当数是三位数时,有 $153 = 1^3 + 5^3 + 3^3$,$370 = 3^3 + 7^3 + 0^3$,$371 = 3^3 + 7^3 + 1^3$,$407 = 4^3 + 0^3 + 7^3$,我们把 153,370,371,407 这四个数称为水仙花数.

同样地,我们把 1 634,8 208,9 474 这三个数称为玫瑰花数.

把 54 748,92 727,93 084 这三个数称为五角星数.

(4)关于"4－2－1 黑洞".

任取一个正整数,若为偶数,则除以 2;若为奇数,则乘以 3 再加 1.重复施行这个程序,最后都会陷入 4－2－1 黑洞.

这就是著名的"角谷猜想",也称西拉古斯猜想、科拉茨猜想等.表述很简单,证明却十分艰难,至今仍未证实或证伪.

我们用数字 2 022 来检验一下:

2 022→1 011→3 034→1 517→4 552→2 276→1 138→569→1 708→854→427→1 282→641→1 924→962→481→1 444→722→361→1 084→542→271→814→407→1 222→611→1 834→917→2 752→1 376→688→344→172→86→43→130→65→196→98→49→148→74→37→112→56→28→14→7→22→11→34→17→52→26→13→40→20→10→5→16→8→4→2→1,用了 61 步,陷入4－2－1黑洞.

寻找并验证黑洞数是一项有趣的数字游戏.游戏规则是关键.

以上介绍了几个黑洞,小结一下它们的游戏规则:

495 黑洞和 6 174 黑洞,规则是"重排,相减".

123 黑洞,规则是"偶奇总,位序排列".

48

153 黑洞,规则是"立方,求和".

4－2－1 黑洞,规则是"除以 2,乘 3 加 1".

可以想到,如果换成别的游戏规则,也可以得到其他的黑洞数.

黑洞数在数字运算中的出现,初看起来似乎是不可思议的.冷静一想,它的存在又是天经地义的,不值得大惊小怪.周期现象在日常生活和科学研究中比比皆是,黑洞现象不过是一种周期数列现象罢了.然而,对黑洞数也不能等闲视之,因为人们对黑洞数仍知之甚少,许多趣味问题还有待探索.

数字有时看起来是枯燥的,如果深入其间,往往真的很优美.

第 15 节　连分数与日月食

我们可以把一个分数,例如 $\frac{129}{53}$,改写成如下形式

$$\frac{129}{53}=2+\frac{23}{53}=2+\frac{1}{\frac{53}{23}}=2+\frac{1}{2+\frac{7}{23}}=2+\frac{1}{2+\frac{1}{\frac{23}{7}}}$$

$$=2+\frac{1}{2+\frac{1}{3+\frac{2}{7}}}=2+\frac{1}{2+\frac{1}{3+\frac{1}{\frac{7}{2}}}}$$

$$=2+\frac{1}{2+\frac{1}{3+\frac{1}{3+\frac{1}{2}}}}$$

这实际上做了一个游戏:把简分数化为繁分数.那么要问:做这样的游戏有用吗?

有用,用处还挺大的! 它能帮助我们解决许多科学问题.例如,应用它可以简捷地计算出日月食出现的规律.

那么怎样计算呢?

首先要了解什么是连分数,其次要了解日月食发生的条件,最后才能算出日月食出现的规律.

49

我们把形如 $2+\cfrac{1}{2+\cfrac{1}{3+\cfrac{1}{3+\cfrac{1}{2}}}}$ 的分数叫作分数 $\frac{129}{53}$ 的连分数. 为了节省篇

幅,把它改写为 $2+\cfrac{1}{2}+\cfrac{1}{3}+\cfrac{1}{3}+\cfrac{1}{2}$,或 $[2,2,3,3,2]$.

把连分数截断,得到一串分数:

第 1 个分数:2.

第 2 个分数:$2+\cfrac{1}{2}=\cfrac{5}{2}$.

第 3 个分数:$2+\cfrac{1}{2}+\cfrac{1}{3}=2+\cfrac{1}{2+\cfrac{1}{3}}=\cfrac{17}{7}$.

第 4 个分数:$2+\cfrac{1}{2}+\cfrac{1}{3}+\cfrac{1}{3}=2+\cfrac{1}{2+\cfrac{1}{3+\cfrac{1}{3}}}=\cfrac{56}{23}$.

以上分数称为分数 $\frac{129}{53}$ 的渐近分数.

顾名思义,所谓渐近分数,第一,它相对地最接近原来的分数,例如,在分母小于 7 的分数里,没有一个比 $\frac{17}{7}$ 更接近 $\frac{129}{53}$ 了;第二,在一串渐近分数里,第一个比原分数大,第二个比原分数小,第三个比原分数大,……,两边摇摆,但一个比一个更接近原分数.

把分数化成连分数,如果像前面那样计算是挺麻烦的,可以利用辗转相除法来完成,算式如下:

算式中间的数字就是连分数各层分数线前面的整数.

129		
106	2	53
23	2	46
21	3	7
2	3	6
2	2	1
0		

日月食发生的条件是什么呢?

"月有阴晴圆缺"(苏东坡词句),从地球上看,月亮的"模样"(月相)是按新月→上弦月→满月→下弦月的次序,周期地变化着的.一个周期的时间叫朔望月,有 29.5306 天,也就是 29 天 12 小时 44 分 8 秒.

50

当新月出现的时候,月球和太阳位于地球的同侧,这叫作朔.这时,如果月球的影子恰好投到地球上,就会发生日食.所以日食一定发生在"朔".当满月出现的时候,月球和太阳位于地球的异侧.这时,如果地球的影子投到月球上,便会发生月食.所以月食一定发生在"望".这是日月食发生的第一个条件.

如果月球轨道平面(即白道面)与地球轨道平面(即黄道面)是重合的,那么,逢朔都有日食,逢望都有月食.但事实上,白道面与黄道面之间有 $5°9'$ 的交角,月亮有时同太阳、地球成直线排列(都位于白道面和黄道面的交线上),有时偏高或偏低,所以每逢"朔"不一定有日食发生,每逢"望"不一定有月食发生,如图 15.1 所示.

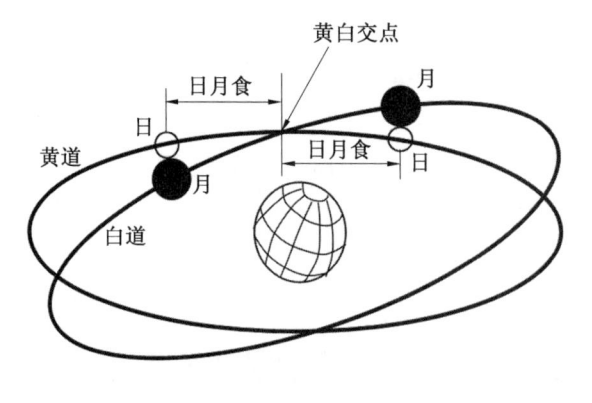

图 15.1

既然白道面与黄道面并不重合,那么月球轨道与黄道面必有两个交点.这两个交点统称黄白交点,一个叫升交点,一个叫降交点.月球经过交点的时间也是呈周期性的.这一次经过某交点与下一次经过该交点所间隔的时间叫作交点月,有 27.2122 天,也就是 27 天 5 小时 55 分 58 秒.

因此,日月食发生的第二个条件是:月相为"朔"或"望"的月球位于黄白交点上.也就是说,发生日食的"朔"不是任意的"朔",而是太阳、月亮、地球位于同一条直线上的"朔".同样地,发生月食的"望"也不是任意的"望",而是太阳、月亮、地球位于同一条直线上的"望".

由第一个条件可知,日月食的发生与朔望周期(即朔望月)有关,由第二个条件可知,其又与交点周期(即交点月)有关.现在我们知道:

1 朔望月 = 29.530 6 天.

1 交点月 = 27.212 2 天.

因此,问题变成了求以上两个周期尽可能精确的最小公倍数.这不禁让我们联想到连分数及其渐近分数.

我们有

$$\frac{29.530\,6}{27.212\,2}=1+\cfrac{1}{11}+\cfrac{1}{1}+\cfrac{1}{2}+\cfrac{1}{1}+\cfrac{1}{4}+\cfrac{1}{3}+\cfrac{1}{5}+\cfrac{1}{1}+\cfrac{1}{19}+$$

$$\cfrac{1}{1}+\cfrac{1}{3}+\cfrac{1}{1}+\cfrac{1}{1}+\cfrac{1}{1}+\cfrac{1}{4}$$

取渐近分数 $1+\cfrac{1}{11}+\cfrac{1}{1}+\cfrac{1}{2}+\cfrac{1}{1}+\cfrac{1}{4}=\dfrac{242}{223}$,这表明 242 个交点月的时间与 223 个朔望月的时间长度是非常接近的.实际上 242 个交点月＝6 585.352 4 天,223 个朔望月＝6 585.323 8 天,两者仅相差 0.028 6 天(41.184 分钟).

因此可以把 6 585.323 8 天看成是朔望月与交点月的近似程度很好的最小公倍数.也就是说,经过 6 585.323 8 天即 18 年 11 天后,太阳、地球和月亮又差不多回到了原来的相对位置.或者说,在这 18 年 11 天中,日食、月食发生的规律又重复出现了.

日食、月食统称为交食.交食的周期称为"沙罗周期"("沙罗"是重复的意思).一个沙罗周期为 18 年 10 天或 11 天,它最早是由古代巴比伦人从许多世纪的实例资料中总结出来的.

第 16 节 尺规作图的三大难题

两千多年前,古希腊数学家欧几里得编写了一本几何教科书《几何原本》.后来人们把这本书中的公理、定理及法则体系,称为欧氏几何.其中的精彩部分,我国现行的中学教科书中仍在使用.

在欧氏几何中,几何作图的工具是直尺和圆规.这里的直尺与通常的尺子不同,因为它没有刻度,只能用来把两点连成线段,或者把线段向两个方向任意延长;圆规只能用来以任意一点为圆心,以任意长为半径画一段弧或一个圆.作图时,这两种工具还不能同时使用.如果能有限次地使用直尺和圆规作出某个图形,就认为这个图形是可以求作的,否则就是不能求作的.

为什么古希腊人把作图工具这样刻意地加以限制呢?这固然与当时作图工具的工艺水平有关,但更重要的原因恐怕是,古希腊人认为使用的作图器械越少、越简单,所绘出的图形就越接近理想图形.

当时还盛传着三个作图问题,后来被称为著名的三大几何难题.这就是:

(1)立方倍积:求作一个立方体,使它的体积等于已知立方体体积的 2 倍.

(2)三等分任意角:任意给定一个角,求作两条射线把这个角三等分.

(3)化圆为方:求作一个正方形,使它的面积等于已知圆的面积.

这三道题流传了两千多年,引起了许多人的兴趣,也使不少数学家为此绞尽脑汁,结果都失败了.

为什么这些问题始终解决不了呢? 于是有人开始怀疑:问题是不可以从正面加以解决的! 那么,怎样从反面入手证明这三大难题是不可解的呢?

1637 年,法国数学家笛卡儿发明了解析几何,为解决问题开辟了新的途径.1837 年,法国数学家万采尔(Wantzel,1814—1848)首先证明立方倍积问题和三等分任意角问题不能用尺规作图来解决.1882 年,德国数学家林德曼证明了 π 的超越性,从而确立了尺规化圆为方的不可能性.

解决这三个问题的思路,中学生读者是不是大体上能看懂呢? 回答是肯定的.

首先,粗略地介绍什么叫几何作图的代数解法.

我们知道,利用尺规可以找出已知线段的中点、作出已知线段的垂线和已知角的平分线.利用这些可以解决一些简单的作图问题(以下等式中所有的字母都表示线段,其中 x 表示欲求作的线段).

①$x=a\pm b$(两条线段的和或差).

②$x=ka$ 或 $x=\dfrac{a}{k}$,k 是自然数(线段的倍量或分量).

③$x=\dfrac{ab}{c}$(三条线段的第四比例项).

④$x=\sqrt{ab}$(两条线段的比例中项).

⑤$x=\sqrt{a^2\pm b^2}$(直角三角形的斜边或直角边).

其中③的理论根据是平行线截得成比例线段定理(图 16.1),④的根据是直角三角形的射影定理(图 16.2),⑤的根据是勾股定理(图 16.3、图 16.4).

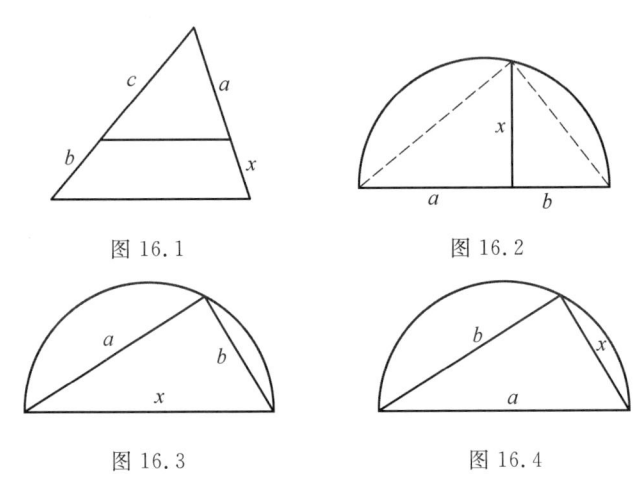

图 16.1　　　　　　　　图 16.2

图 16.3　　　　　　　　图 16.4

对于比较复杂的作图题,先确定题中需要作出的线段,设它的长为 x,按照问题中所给线段和图形的性质,根据已知定理列出方程,用代数的方法解这个方程,然后用上述基本作图方法作出方程的根 x,从而作出欲求作的图形.像这样的作图方法,叫作几何作图的代数解法.

因此,判断一个作图题是否可解,从本质上讲是代数问题,而不是几何问题.

其次,怎样借助解析几何实现这个证明呢?基本思路如下.

在尺规作图的问题中,最终都取决于:

(1)两个圆的交点.

(2)两条直线的交点.

(3)一条直线与一个圆的交点.

在直角坐标系中,直线和圆的方程分别是二元一次和二元二次方程,它们的交点坐标可以通过解方程组求得.所用的运算仅为加、减、乘、除以及正数的开方.所以,欧氏几何的尺规作图,就相当于代数中施行加、减、乘、除四则运算和正数的开平方运算.如果欲求线段的长度不能用有限次四则运算和开平方运算得出,那么这条线段的长度就不能由已知线段用尺规作出.证明几何作图的三大难题不可解,所根据的就是这一重要结论.

最后,我们具体证明这三大难题不可解.

(1)立方倍积问题.

设已知立方体的棱长为 1,欲求立方体的棱长为 x,那么 $x^3 = 2$,所以 $x = \sqrt[3]{2}$.

因为由单位长度 1 用有限次的加、减、乘、除和开平方运算求得 $\sqrt[3]{2}$ 是不可能的,所以立方倍积是不能作图的.

(2)三等分任意角问题.

不妨设已知角 $3\theta = 60°$,由三倍角公式,有

$$\cos 3\theta = 4\cos^3\theta - 3\cos\theta = \frac{1}{2}$$

令 $\cos\theta = x$,就有 $8x^3 - 6x - 1 = 0$.

由代数知识知,此方程没有有理数根,也没有只含开平方符号且没有高次开方符号的无理数根,这说明不能用尺规三等分此角.对 $60°$ 角尚不可能,对一般角就更不可能了.

(3)化圆为方问题.

设已知圆的半径为 1,欲求的正方形边长为 x,那么 $x^2 = \pi$,所以 $x = \sqrt{\pi}$.

54

$\sqrt{\pi}$是一个超越数,它不可能由整数通过有限次的加、减、乘、除和开平方运算得出,因此化圆为方的作图问题也是不可能的.

近世代数(又称抽象代数)是现代数学的重要基础.它在计算机科学、信息科学、近代物理与近代化学等方面有着广泛的应用.法国数学家伽罗瓦,其短暂的一生不妨碍他成为近世代数的创始人之一.

伽罗瓦发现,每一个一元 n 次方程的解都与一个置换群(后人称伽罗瓦群)对应,而置换群的群结构决定了解的特性.因此,不需要具体寻找方程的解,只需要研究群的结构,就能了解解的性质.这一历史性的操作,把数学计算改为研究数学结构,成为 19 世纪最杰出的数学成就之一.群论作为高屋建瓴的现代数学工具,对几何图形能否用尺规作出给出了一般判别法(如前文浅显的介绍),从理论上圆满地解决了两千多年以来横亘于数学家心中的难题.

回顾这段历程,有些数学难题之所以在历史上长期得不到解决,并不是人们采用的技巧不妙,或方法不对,或下的功夫不够,而是使用的数学"工具"不够发达.打个比方:骑自行车是无论如何也到达不了月球的.

所以,青少年学生不要盲目地解像三大难题这样已经解决的问题,也不要好高骛远地去解目前世界上尚未解决的数学难题,而应扎扎实实地学好功课,一步一个脚印地前进,为攀登科学高峰做充分的准备.但是,对于课本中和学校考试中出现的难题,则要努力攻克它,因为这些题目涉及的知识范围和难度要求,与我们的实际是相适应的.

第 17 节　从正多边形的作图到费马素数

你能用尺规作出圆内接正三角形、正方形、正五边形、正六边形和正十边形吗?

正方形的两条对角线,把正方形分为四个全等的等腰直角三角形.只要在圆内作两条互相垂直的直径,顺次联结两条直径的四个端点,就能得到一个正方形.

正六边形的边长等于外接圆的半径.只要在圆周上用半径的长截取六个等分点,就能得到圆内接正六边形.联结圆的六等分点中隔着一个点的三个点就能得到正三角形.

正五边形可以通过正十边形的作图得到.

设正十边形 $A_1A_2\cdots A_{10}$ 的外接圆圆心为 O,半径为 1,则 $\angle A_1OA_2 = 36°$,

$A_1 A_2 = 2\sin 18°$,如图 17.1 所示.

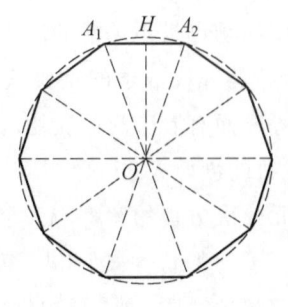

图 17.1

计算 $\sin 18°$ 的值. 因为 $\cos 54° = \sin 36°$,所以

$$4\cos^3 18° - 3\cos 18° = 2\sin 18°\cos 18°$$

$$\Rightarrow 4\cos^2 18° - 3 = 2\sin 18°$$

$$\Rightarrow 4\sin^2 18° + 2\sin 18° - 1 = 0$$

解得 $\sin 18° = \dfrac{\sqrt{5}-1}{4}$,因此,正十边形的边长

$$A_1 A_2 = 2\sin 18° = \dfrac{\sqrt{5}-1}{2}$$

据此,可以这样求作正十边形的边长:

第一步,在半径为 1 的圆 O 中,作互相垂直的直径 MN 和 $A_1 A_6$,如图 17.2 所示.

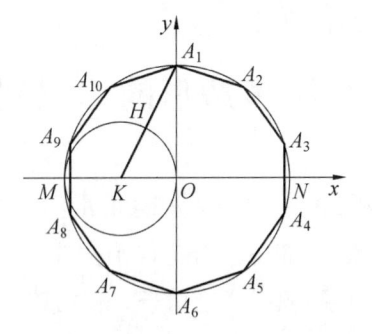

图 17.2

第二步,取半径 OM 的中点 K.

第三步,以 OM 为直径作圆 K,联结 $A_1 K$ 交圆 K 于点 H,则 $A_1 H$ 即为正十边形的边长.

其理由相当简单.

56

在 Rt$\triangle A_1OK$ 中,有

$$A_1K=\sqrt{1+\left(\frac{1}{2}\right)^2}=\frac{\sqrt{5}}{2}$$

所以

$$A_1H=A_1K-KH=\frac{\sqrt{5}-1}{2}$$

联结圆的十等分点中隔着一个点的五个点就能得到正五边形.

不过,人们更喜欢直接用尺规作图得到正五边形.作法如下:

第一步,在半径为 1 的圆 O 中,作互相垂直的直径 MN 和 AP.

第二步,取半径 ON 的中点 K.

第三步,以 K 为圆心,KA 为半径画弧与 OM 交于点 H,AH 即为正五边形的边长.

第四步,以 AH 为弦长,在圆周上截得 B,C,D,E 各点,顺次联结这些点即得正五边形 $ABCDE$,如图 17.3 所示.

下面我们给以证明.

首先计算正五边形的边长.

正五边形 $ABCDE$ 内接于半径为 1 的圆 O 内,则边长 $CD=2\sin 36°$,如图 17.4 所示.

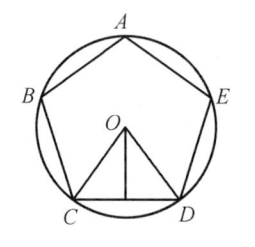

图 17.3　　　　　　图 17.4

由 $\sin 18°=\dfrac{\sqrt{5}-1}{4}$,知

$$\cos 18°=\sqrt{1-\sin^2 18°}=\sqrt{1-\left(\frac{\sqrt{5}-1}{4}\right)^2}=\frac{\sqrt{10+2\sqrt{5}}}{4}$$

所以

$$\sin 36°=2\cdot\frac{\sqrt{5}-1}{4}\cdot\frac{\sqrt{10+2\sqrt{5}}}{4}=\frac{\sqrt{(6-2\sqrt{5})(10+2\sqrt{5})}}{8}=\frac{\sqrt{10-2\sqrt{5}}}{4}$$

所以

$$CD = \frac{\sqrt{10-2\sqrt{5}}}{2}$$

再回顾作图过程,参见图 17.3.

在 Rt△AOK 中,有

$$AK = \sqrt{1 + \left(\frac{1}{2}\right)^2} = \frac{\sqrt{5}}{2}$$

所以

$$OH = \frac{\sqrt{5}-1}{2}$$

在 Rt△AOH 中,有

$$AH^2 = 1 + \left(\frac{\sqrt{5}-1}{2}\right)^2 = \frac{10-2\sqrt{5}}{4}$$

所以

$$AH = \frac{\sqrt{10-2\sqrt{5}}}{2}$$

这样就证明了作图的正确性.

用尺规作正 n 边形是欧氏几何的一个重要内容,历史上曾占有重要的地位.与此相关的数学问题,例如费马(Fermat,1601—1665)素数问题,至今仍然没有解决.

说到费马素数,必然要把它与两位著名数学家——费马和高斯联系起来.

欧几里得在《几何原本》里,除了介绍正三角形、正方形、正五边形和正六边形的作法,还介绍了正十五边形的作法.由于圆内接正三角形和正五边形是可以作图的,而 $\frac{2}{5} - \frac{1}{3} = \frac{1}{15}$,因此只要把圆 O 三等分于 A,B,C,再将该圆五等分于 A,P,Q,R,S,则 BQ 就是正十五边形的一条边,据此可以作出正十五边形,如图 17.5 所示.

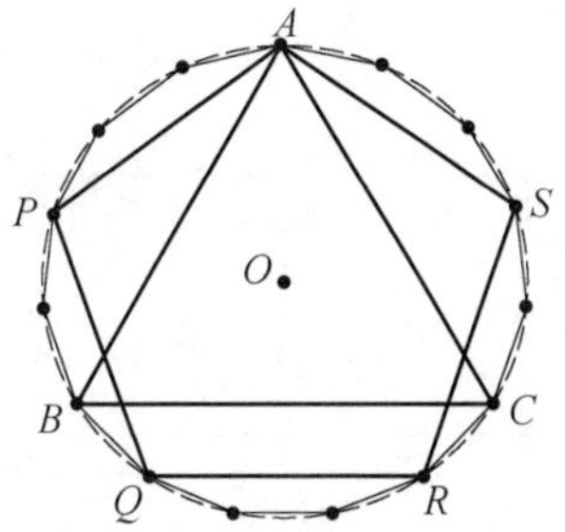

图 17.5

58

进一步,通过连续平分角或弧,就可以作出 $3 \times 2^k, 4 \times 2^k, 5 \times 2^k, 15 \times 2^k$ $(k=0,1,2,\cdots)$条边的正多边形.两千多年以来,一直没有人能用直尺和圆规作出新的正多边形来.

高斯是 18 世纪德国的一位杰出的数学家、物理学家和天文学家.他自幼勤奋好学,聪颖过人.在他上小学的时候,算术老师出了一道题目:$1+2+3+\cdots+100=$? 高斯见到这道难题后,不急于一个一个地做加法,而是观察这些加数的特点,发现 $1+100=2+99=3+98=\cdots=50+51$,从而很快算出 $50 \times 101=5\,050$.

高斯 15 岁时进了专科学校,18 岁上大学,19 岁就解决了一道数学难题,这就是仅用尺规作出正十七边形的问题.

作正十七边形的关键是作出 $\cos \dfrac{7\pi}{12}$,而

$$\cos \frac{7\pi}{12} = -\frac{1}{16} + \frac{1}{16}\sqrt{17} + \frac{1}{16}\sqrt{34 - 2\sqrt{17}} +$$

$$\frac{1}{8}\sqrt{17 + 3\sqrt{17} - \sqrt{34 - 2\sqrt{17}} - 2\sqrt{34 + 2\sqrt{17}}}$$

$$\approx 0.993\,087\,563\,117\,88$$

1796 年 3 月,当高斯差一个月满 19 岁时,在期刊上发表《关于正十七边形作图的问题》一文.他对这一成果相当满意,甚至要求以后将正十七边形刻在他的墓碑上.后来刻墓碑的雕刻家认为"正十七边形和圆太像了,刻出来之后,每个人都会误以为这是一个圆"(图 17.6),所以他在墓碑上刻了一颗正十七角星.

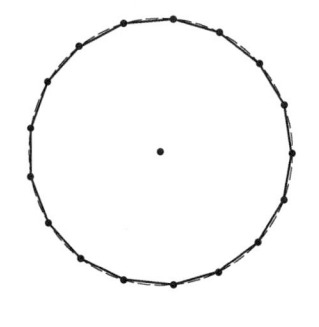

图 17.6

高斯还认真研究了用尺规作正多边形的可能性问题,提出了这样一个定理:当且仅当自然数 n 是形如 $2^{2^k}+1$ 的素数时,圆内接正 n 边形是可以用尺规作出的.

具体来说，当圆内接正 n 边形属于下列情况之一时是可以作图的：

①边数 n 为素数，形如 $n=2^{2^k}+1(k=0,1,2,\cdots)$.

②边数 m 为合数，形如 $m=2^s(2^{2^{k_0}}+1)(2^{2^{k_1}}+1)(2^{2^{k_2}}+1)\cdots(s=0,1,2,\cdots)$.

这就是著名的正多边形作图的"高斯检验法".

通过计算可知，边数在 100 以内的正多边形中，只有 24 个可以用尺规作出，它们是：

$n=4,8,13,32,64.$

$n=3,6,12,24,48,96.$

$n=5,10,20,40,80.$

$n=15,30,60.$

$n=17,34,68.$

$n=51.$

$n=85.$

形如 $2^{2^k}+1$ 的数，称为费马数. 高斯检验法就是，一个正 n 边形当且仅当 n 是一个费马素数或若干个不同的费马素数的乘积时，才能用直尺和圆规作出来.

费马是一名职业法官，被誉为法国"业余数学家"之王. 1640 年，费马发现：数 $F(n)=2^{2^n}+1$，当 $n=0,1,2,3,4$ 时都是素数

$$F(0)=2^{2^0}+1=3$$
$$F(1)=2^{2^1}+1=5$$
$$F(2)=2^{2^2}+1=17$$
$$F(3)=2^{2^3}+1=257$$
$$F(4)=2^{2^4}+1=65\ 537$$

于是他猜想，所有这种数都是素数. 可惜，这个猜想是错误的. 瑞士数学家欧拉于 1732 年举出了第一个反例，当 $n=5$ 时

$$F(5)=2^{2^5}+1=4\ 294\ 967\ 297=641\times6\ 700\ 417$$

欧拉当时是怎样得到这个结果的，我们不得而知. 下面介绍用因式分解的方法分解 $F(5)$ 的过程.

设 $a=2^7,b=5$，则 $2^8=2a,a-b^3=128-125=3$，因此

$$F(5)=2^{2^5}+1=2^{32}+1=(2^8)^4+1=(2a)^4+1=16a^4+1$$
$$=(1+3\times5)a^4+1=[1+(a-b^3)b]a^4+1$$
$$=(1+ab-b^4)a^4+1$$

60

$$= (1+ab)a^4 - a^4 b^4 + 1$$
$$= (ab+1)a^4 - (a^4 b^4 - 1)$$
$$= (ab+1)a^4 - (ab+1)(ab-1)(a^2 b^2 + 1)$$
$$= (ab+1)[a^4 - (ab-1)(a^2 b^2 + 1)]$$
$$= (128 \times 5 + 1)[a^4 - (ab-1)(a^2 b^2 + 1)]$$
$$= 641 \times 6\,700\,417$$

后来人们发现,第 5 个费马数之后的费马数几乎都是合数,再也没有找到一个费马数是素数,以至于人们猜想可能只有前 5 个费马数是素数. 既然是合数,那么就能对其因数分解,于是,分解费马数就成为一种挑战. 随着 n 的增加,费马数迅速增大,要分解它的难度也就越来越大. 同时,随着计算机的不断发展,人们也找到了一些新的理论和方法来处理这一棘手的问题.

据资料显示:

1880 年,Landry 成功分解了 $F(6) = 27\,477 \times 67\,280\,421\,310\,721$.

1970 年,Morrison 和 Brillhart 分解了 $F(7)$.

1980 年,Brent 和 Pollard 分解了 $F(8)$.

1988 年,Brent 分解了 $F(11)$.

1990 年,Lenstra 分解了 $F(9)$.

1995 年,Lenstra 分解了 $F(10)$.

至此,已经分解成功的费马数仅限于 $n=5,6,7,8,9,10,11$. 也就是说,研究费马数,依然任重而道远.

第 18 节　正偶数与自然数谁多谁少

这里约定:自然数不包括 0. 下面我们考察:

自然数:$1,2,3,\cdots,n,\cdots$.

正偶数:$2,4,6,\cdots,2n,\cdots$.

试问:这两类数谁多谁少?

通常有两种针锋相对的意见. 一种认为,两个自然数中才有一个正偶数,所以正偶数只占自然数的一半,当然自然数多;另一种认为,对每一个自然数 n 都有唯一的正偶数 $2n$ 与它对应,反过来也是这样,所以正偶数与自然数一样多.

哪一个意见正确呢?

历史上,也曾经有人受困于与之类似的问题. 17 世纪,意大利科学家伽利

略提出了一个悖论. 他说:

10 以内的完全平方数只有 3 个: $1=1^2, 4=2^2, 9=3^2$.

100 以内的完全平方数只有 9 个: $1=1^2, 4=2^2, 9=3^2, \cdots, 81=9^2$.

1 000 以内的完全平方数只有 31 个: $1=1^2, 4=2^2, 9=3^2, \cdots, 961=31^2$.

一般地, n 以内的完全平方数的个数不会超过 $\sqrt{n}$ 个.

因此, 完全平方数的个数少于自然数的个数, 他把这个结论解释为"部分小于全体".

他又说, 可以按下面的方法, 建立起所有完全平方数与所有自然数一一对应的关系:

$$
\begin{array}{ccccc}
1 & 4 & 9 & 16 & \cdots & n^2 \\
\updownarrow & \updownarrow & \updownarrow & \updownarrow & & \updownarrow \\
1 & 2 & 3 & 4 & \cdots & n
\end{array}
$$

这就好像把一个个自然数看成一个个"座位", 每一个完全平方数都有自己的座位, 而每一个座位上都有一个完全平方数在"坐", 两者不多不少, 恰好把座位坐"满"了. 这岂不是"部分等于全体"吗?

这个悖论把人们弄得莫衷一是. 问题的彻底解决, 还是集合论建立之后的事情.

19 世纪, 德国数学家康托尔提出了集合理论. 把具有某种特征的一类对象称为集合. 这些对象叫作集合的元素. 例如, 小于 10 的自然数就组成了一个集合, 记为 $\{1,2,3,4,5,6,7,8,9\}$; 全体自然数也组成一个集合, 记为 $\{1,2,3,\cdots, n,\cdots\}$. 又把组成集合的元素个数叫作集合的基数. 如果集合元素的个数是有限的, 就称为有限集合, 否则就称为无限集合.

比较两个有限集合的元素个数是容易办到的. 例如, 小于 10 的正整数集合的元素个数是 9, 小于 20 的正偶数集合的元素个数也是 9, 也就是说它们的基数是相等的.

两个无限集合, 怎样比较它们元素个数的"多少"呢? 只能借助"势"这个概念来衡量它们所含元素的"多少"了. 如果两个集合的元素之间能够建立一一对应的关系, 那么我们就说这两个集合是"对等"的, 或者说是"势"相等的. 这个法则叫康托尔法则.

所以, 全体正偶数与全体自然数是对等的, 它们具有相同的"势". 从这个意义上来说, 它们所含元素的个数是"一样多"的. 也就是说, 在无穷大的世界里, 部分可以等于全部!

数苑漫步

是不是两个无限集合的元素都一样多呢？那可不一定.例如,实数集合不可能与有理数集合建立一一对应关系,实数集合的元素比有理数集合的元素"多".

生活中,事物间的因果关系具有偶然性,这种现象叫作随机现象.这种随机现象出现得相当多的时候又呈现一定的规律性.数学中就有一门专门研究随机现象规律的分支,叫作概率论.

如果我们随机地抽取若干个自然数,统计其中偶数所占的比例,只要我们抽取的次数足够多,就会发现:每次统计的结果,偶数所占的比例都在 $\frac{1}{2}$ 附近做微小的摆动.事实上,如果用 $E(n)$ 表示不超过 n 的正偶数的个数,不难证明,当 n 趋近于无穷大(即抽取的次数无限增多)时, $\frac{E(n)}{n}$ 的值无限地接近 $\frac{1}{2}$.写成式子就是

$$\lim_{n \to \infty} \frac{E(n)}{n} = \frac{1}{2}$$

因此从概率统计的观点来看,正偶数占自然数的一半.

同样地,在伽利略所提的问题中,若用 $T(n)$ 表示小于 n 的完全平方数的个数,则有

$$\frac{T(10)}{10} = 0.3, \frac{T(100)}{100} = 0.09, \frac{T(1\,000)}{1\,000} = 0.031, \frac{T(10\,000)}{10\,000} = 0.009\,9$$

可见,完全平方数在正整数中所占的比例 $\frac{T(n)}{n}$,随着 n 的增大而迅速减少,也就是

$$\lim_{n \to \infty} \frac{T(n)}{n} = 0$$

尽管从集合论的观点来看,完全平方数与自然数的集合是等势的,然而,从概率统计的观点来看,完全平方数在自然数中所占的比例(出现的概率)趋近于0,实在少得可怜——几乎所有的自然数都不是完全平方数.

回到开始的问题:正偶数的个数与自然数的个数是一样多的,这是指正偶数集合的"势"与自然数集合的"势"相等;正偶数占自然数的一半,这是指正偶数在自然数中出现的概率为 $\frac{1}{2}$.

从以上例子可以看出,计算无限集合的元素个数与有限集合相比,需要采用另一种方法.为了更好地解释无限集合与有限集合的区别,1924 年,德国著名数学家希尔伯特(Hilbert,1862—1943)在一次演讲中提出了著名的"希尔伯

63

特旅馆"问题：

有这样一家旅馆，旅馆的房间数与自然数一样多. 一天，一位旅客要求住宿，服务员说，客房住满了. 旅客找到经理请他想想办法. 经理让服务员重新安排旅客的住房：1 号房间的客人搬到 2 号，2 号房间的客人搬到 3 号，3 号房间的客人搬到 4 号，……，n 号房间的客人搬到 $n+1$ 号，……，依次类推. 于是，该旅客住进了 1 号房间，其他客人也都住进了房间.

又有一天，这家旅馆来了与已住人数一样多（无穷）的旅客，要求住宿. 有数学头脑的经理这样安排：1 号房间的客人搬到 2 号，2 号房间的客人搬到 4 号，3 号房间的客人搬到 6 号，……，n 号房间的客人搬到 $2n$ 号，……. 这样安排，所有奇数号的房间就都腾出来了，让新来的旅客住进奇数号的房间. 因为奇数与自然数的个数一样多，所以，原有的旅客和新来的旅客都住进了房间，大家相安无事.

这个例子给了我们一个启示：对于"无限"的情形不能采用常规的"有限"情形的方法来处理.

教材相关

第 19 节　斐波那契数列的基本性质与通项公式

斐波那契是意大利数学家,他于 1202 年在《算法之书》中提出了一个有趣的问题:

有一对刚诞生的幼兔,雌雄各一只.经过一个月长成成年兔.每对成年兔每个月生下一对小兔子且雌雄各一只.假设兔子永远按着上述规律成长、繁殖,并且不会死去,问到第 12 个月时共有多少对兔子?下面我们就来推算兔子的总数.

第一个月:1 对.

第二个月:1 对.

第三个月:2 对(第一对小兔子生了一对小兔子).

第四个月:3 对(又生了一对).

第五个月:5 对(第三个月出生的小兔子也开始生小兔子了).

第六个月:8 对(根据斐波那契数列的规律可以看出,每个月的兔子数是前面两个月兔子数之和).

第七个月:13 对(同上,依此类推),如图 19.1 所示.

第八个月:21 对.

第九个月:34 对.

第十个月:55 对.

第十一个月:89 对.

第十二个月:144 对.

满一年有 144 对小兔子.144 对＝288 只,所以满一年得到288 只兔子.

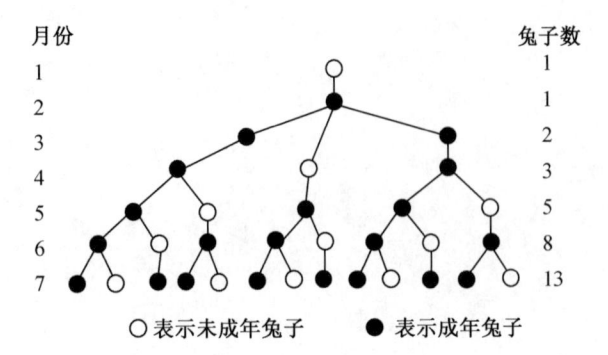

图 19.1

上述问题涉及的数列是

$$1,1,2,3,5,8,13,21,34,55,89,144,233,377,\cdots$$

不难发现：这个数列的第一、二项都是 1，之后的每一项都等于该项前面两项之和. 这就是驰名于世界数坛的斐波那契数列.

用数学式子来表达，斐波那契数列满足：$F_1 = F_2 = 1$，$F_{n+2} = F_{n+1} + F_n$（$n = 1,2,3,\cdots$），其中数 $F_1 = F_2 = 1$ 叫作初始值，等式 $F_{n+2} = F_{n+1} + F_n$ 叫作递推关系式.

斐波那契数列，看似"相貌平平"，实则奥妙无穷.

首先，看看斐波那契数列的前 n 项和等于什么，即

$$\begin{aligned}
S_n &= F_1 + F_2 + F_3 + \cdots + F_n \\
&= (F_3 - F_2) + (F_4 - F_3) + \cdots + (F_{n+2} - F_{n+1}) \\
&= F_{n+2} - F_2 \\
&= F_{n+2} - 1
\end{aligned}$$

由此就有了如下性质.

性质 1：斐波那契数列的前 n 项和等于第 $n+2$ 项减 1.

数列的前若干项之和竟然可用某一项表达，这个现象既罕见，又有趣！

斐波那契数列的递推式 $F_{n+2} = F_{n+1} + F_n$ 是一个神奇的式子. 利用它，可以得到该数列一系列用等式表述的性质. 而且，在推导过程中，充分展现了"裂项求和法"的威力.

在网上关于斐氏数列的文章多如牛毛，却鲜见推导其基本性质的完整过程. 此处足见本书的难得.

性质 2：前 n 个偶数项的和等于第 $2n+1$ 项减 1，即

$$F_2 + F_4 + F_6 + \cdots + F_{2n} = F_{2n+1} - 1$$

例如：$1 + 3 + 8 + 21 = 33 = 34 - 1$，即 $F_2 + F_4 + F_6 + F_8 = F_9 - 1$.

66

证明：$F_2 = F_3 - F_1$，$F_4 = F_5 - F_3$，$\cdots$，$F_{2n} = F_{2n+1} - F_{2n-1}$，将以上等式相加，得

$$F_2 + F_4 + F_6 + \cdots + F_{2n} = F_{2n+1} - 1$$

性质 3：前 n 个奇数项的和等于第 $2n$ 项，即

$$F_1 + F_3 + F_5 + \cdots + F_{2n-1} = F_{2n}$$

例如：$1 + 2 + 5 + 13 = 21$，即 $F_1 + F_3 + F_5 + F_7 = F_8$．

证明

$$左边 = F_1 + F_3 + F_5 + \cdots + F_{2n-1}$$

$$= (F_1 + F_2 + F_3 + \cdots + F_{2n-1} + F_{2n}) - (F_2 + F_4 + \cdots + F_{2n})$$

$$= (F_{2n+2} - 1) - (F_{2n+1} - 1) = F_{2n+2} - F_{2n+1} = F_{2n} = 右边$$

性质 4：前 n 项的平方和等于第 n 项与第 $n+1$ 项之积，即

$$F_1^2 + F_2^2 + F_3^2 + \cdots + F_n^2 = F_n F_{n+1}$$

例如：$1^2 + 1^2 + 2^2 + 3^2 + 5^2 + 8^2 = 104 = 8 \times 13$，即

$$F_1^2 + F_2^2 + F_3^2 + F_4^2 + F_5^2 + F_6^2 = F_6 F_7$$

证明：由

$$F_1^2 = F_2 F_1$$

$$F_2^2 = F_2(F_3 - F_1) = F_2 F_3 - F_2 F_1$$

$$F_3^2 = F_3(F_4 - F_2) = F_3 F_4 - F_3 F_2$$

$$\cdots$$

$$F_n^2 = F_n(F_{n+1} - F_{n-1}) = F_n F_{n+1} - F_n F_{n-1}$$

将以上等式相加，得

$$F_1^2 + F_2^2 + F_3^2 + \cdots + F_n^2 = F_n F_{n+1}$$

性质 5：当项数为偶数时，每相邻两项乘积之和等于最后一项的平方，即

$$F_1 F_2 + F_2 F_3 + F_3 F_4 + \cdots + F_{2n-1} F_{2n} = F_{2n}^2$$

例如：$1 \times 1 + 1 \times 2 + 2 \times 3 + 3 \times 5 + 5 \times 8 = 64 = 8^2$，即

$$F_1 F_2 + F_2 F_3 + F_3 F_4 + F_4 F_5 + F_5 F_6 = F_6^2$$

证明：仍用裂项求和法，困难之处是偶数项裂项，而奇数项保留，显得比较灵活. 因此有

$$左边 = F_1 F_2 + F_2 F_3 + F_3 F_4 + \cdots + F_{2n-1} F_{2n}$$

$$= F_1 F_2 + F_2(F_4 - F_2) + F_3 F_4 + F_4(F_6 - F_4) + F_5 F_6 + \cdots +$$

$$F_{2n-2}(F_{2n} - F_{2n-2}) + F_{2n-1} F_{2n}$$

$$= F_1 F_2 + F_2 F_4 - F_2^2 + F_3 F_4 + F_4 F_6 - F_4^2 + F_5 F_6 + \cdots +$$

67

$$F_{2n-2}F_{2n} - F_{2n-2}^2 + F_{2n-1}F_{2n}$$

$$= F_1F_2 + (F_2F_4 + F_3F_4) + (F_4F_6 + F_5F_6) + \cdots +$$

$$(F_{2n-2}F_{2n} + F_{2n-1}F_{2n}) - (F_2^2 + F_4^2 + \cdots + F_{2n-2}^2)$$

$$= F_1F_2 + F_4(F_2 + F_3) + F_6(F_4 + F_5) + \cdots +$$

$$F_{2n}(F_{2n-2} + F_{2n-1}) - (F_2^2 + F_4^2 + \cdots + F_{2n-2}^2)$$

$$= F_2^2 + F_4^2 + F_6^2 + \cdots + F_{2n}^2 - (F_2^2 + F_4^2 + \cdots + F_{2n-2}^2)$$

$$= F_{2n}^2 = 右边$$

性质 6:当项数为奇数时,每相邻两项乘积之和等于最后一项的平方减 1,即

$$F_1F_2 + F_2F_3 + F_3F_4 + \cdots + F_{2n}F_{2n+1} = F_{2n+1}^2 - 1$$

例如:$1 \times 1 + 1 \times 2 + 2 \times 3 + 3 \times 5 + 5 \times 8 + 8 \times 13 = 168 = 13^2 - 1$,即

$$F_1F_2 + F_2F_3 + F_3F_4 + F_4F_5 + F_5F_6 + F_6F_7 = F_7^2 - 1$$

证明:本性质的证明可仿照性质 5 的证明来进行.不同处在于除去前两项,然后每隔一项裂项,之后再求和,即

$$左边 = F_1F_2 + F_2F_3 + F_3F_4 + F_4F_5 + F_5F_6 + F_6F_7 + \cdots +$$

$$F_{2n-1}F_{2n} + F_{2n}F_{2n+1}$$

$$= F_1F_2 + F_2F_3 + F_3(F_5 - F_3) + F_4F_5 + F_5(F_7 - F_5) + F_6F_7 + \cdots +$$

$$F_{2n-1}(F_{2n+1} - F_{2n-1}) + F_{2n}F_{2n+1}$$

$$= F_1F_2 + F_2F_3 + F_3F_5 - F_3^2 + F_4F_5 + F_5F_7 - F_5^2 + F_6F_7 + \cdots +$$

$$F_{2n-1}F_{2n+1} - F_{2n-1}^2 + F_{2n}F_{2n+1}$$

$$= F_1F_2 + F_2F_3 + (F_3F_5 + F_4F_5) + (F_5F_7 + F_6F_7) + \cdots +$$

$$(F_{2n-1}F_{2n+1} + F_{2n}F_{2n+1}) - (F_3^2 + F_5^2 + \cdots + F_{2n-1}^2)$$

$$= F_2(F_1 + F_3) + F_5(F_3 + F_4) + F_7(F_5 + F_6) + \cdots +$$

$$F_{2n+1}(F_{2n-1} + F_{2n}) - (F_3^2 + F_5^2 + \cdots + F_{2n-1}^2)$$

$$= F_2(F_1 + F_3) + F_5^2 + F_7^2 + \cdots + F_{2n+1}^2 - (F_3^2 + F_5^2 + \cdots + F_{2n-1}^2)$$

$$= 1 \cdot (1 + 2) + F_{2n+1}^2 - F_3^2$$

$$= 3 + F_{2n+1}^2 - 4$$

$$= F_{2n+1}^2 - 1$$

斐波那契数列的通项公式是由法国数学家比内(Binet,1786—1856)给出的,也称比内公式

$$F_n = \frac{1}{\sqrt{5}} \left[\left(\frac{1+\sqrt{5}}{2} \right)^n - \left(\frac{1-\sqrt{5}}{2} \right)^n \right]$$

68

这个公式是用无理数表示有理数的一个精彩范例.

比内公式的推导有多种方法.总的来说,大致分为以下几种:

(1)待定系数法.即构造等比数列法,这是初等数学的方法,涉及的知识点和技巧均属于高中数学范围.

(2)利用特征方程法.需要线性代数的有关知识.

(3)母函数法.这是数学分析的方法,需要级数的相关知识.

(4)矩阵法.需要线性代数中关于矩阵、行列式的相关知识.

(5)差分方程法.需要微分方程的相关知识.

(6)其他方法.例如利用几何构图加以推导.

本书感兴趣的是初等数学的方法,让中学生无须添加新的知识就能看懂.

初等数学的方法——基本思路是构造数列,通过待定系数法,把递推数列 $\{F_n\}$ 通过两次转化,化归为等比数列,从而求得它的通项公式.

将 $F_{n+2}=F_{n+1}+F_n$ 的两边同时加上 λF_{n+1},得

$$F_{n+2}+\lambda F_{n+1}=F_{n+1}+\lambda F_{n+1}+F_n \qquad ①$$

再令

$$F_{n+2}+\lambda F_{n+1}=(1+\lambda)(F_{n+1}+\lambda F_n) \qquad ②$$

比较①②的右边,可知 $\lambda(1+\lambda)=1$,解得 $\lambda=\dfrac{-1\pm\sqrt{5}}{2}$.

不妨取 $\lambda=\dfrac{-1+\sqrt{5}}{2}$,则 $1+\lambda=\dfrac{1+\sqrt{5}}{2}$.

所以数列 $\{F_{n+1}+\lambda F_n\}$ 是等比数列,且首项为 $F_2+\lambda F_1=1+\lambda$,公比为 $1+\lambda$,所以

$$F_{n+1}+\lambda F_n=(1+\lambda)^n$$

可得

$$F_{n+1}=-\lambda F_n+(1+\lambda)^n \qquad ③$$

再次构造等比数列,令

$$F_{n+1}+x(1+\lambda)^{n+1}=(-\lambda)[F_n+x(1+\lambda)^n] \qquad ④$$

所以

$$F_{n+1}=(-\lambda)F_n-x\lambda(1+\lambda)^n-x(1+\lambda)^{n+1}$$

比较③④,有

$$(1+\lambda)^n=-x\lambda(1+\lambda)^n-x(1+\lambda)^{n+1}$$

解得 $x=-\dfrac{1}{2\lambda+1}=-\dfrac{1}{\sqrt{5}}$.

69

所以数列 $\{F_n-\dfrac{1}{\sqrt5}\left(\dfrac{1+\sqrt5}{2}\right)^n\}$ 是等比数列,且首项为 $F_1-\dfrac{1}{\sqrt5}(1+\lambda)=$

$\dfrac{\sqrt5-1}{2\sqrt5}$,公比为 $\dfrac{1-\sqrt5}{2}$,所以

$$F_n-\frac{1}{\sqrt5}\left(\frac{1+\sqrt5}{2}\right)^n=\frac{-1+\sqrt5}{2\sqrt5}\left(\frac{1-\sqrt5}{2}\right)^{n-1}$$

得

$$F_n=\frac{1}{\sqrt5}\left[\left(\frac{1+\sqrt5}{2}\right)^n-\left(\frac{1-\sqrt5}{2}\right)^n\right]$$

证毕.

第 20 节　妙趣横生的斐波那契数列

斐波那契数列具有强大的生命力.从它诞生至今的 800 多年间经久不衰,历久弥新,其内容已非常丰富了.本节不过是以管窥豹,显然不可能也没有必要全面地介绍斐氏数列.上述用初等数学方法推导通项公式就是出于这样的考虑.

斐波那契数列的通项公式是非常优美的.公式中用无理数来得到有理数是不是"好看却不中用"呢? 非也! 有些结论用递推公式推导确有困难时,用比内公式可迎刃而解.

微妙在于,若令 $\omega=\dfrac{1+\sqrt5}{2}$,$\bar\omega=\dfrac{1-\sqrt5}{2}$,则公式可化简为

$$F(n)=\frac{1}{\sqrt5}(\omega^n-(\bar\omega)^n)$$

而无理数 $\omega,\bar\omega$ 有如下漂亮的结果:

①$\omega^2=\omega+1$,$(\bar\omega)^2=\bar\omega+1$.

②$\omega+\dfrac{1}{\omega}=\sqrt5$,$\bar\omega+\dfrac{1}{\bar\omega}=-\sqrt5$.

③$\omega^2-\dfrac{1}{\omega^2}=\sqrt5$,$(\bar\omega)^2-\dfrac{1}{(\bar\omega)^2}=-\sqrt5$.

④$\omega+\bar\omega=1$,$\omega\cdot\bar\omega=-1$.

70

斐波那契数列的通项公式看起来有点复杂,但实际上应用起来还是比较方便的,有些性质用递推公式推导会有些困难,而用通项公式推导则能迎刃而解.

性质 7 : $F_{n+1}^2 = F_n F_{n+2} + (-1)^n$.

这个性质有等比中项的意味,即从第 2 项起,每一项的平方等于前后两项之积加(或减)1.

例如: $1 \times 2 - 1 = 1^2$,即 $F_1 F_3 - 1 = F_2^2$.

又如: $1 \times 3 + 1 = 2^2$,即 $F_2 F_4 + 1 = F_3^2$.

证明:记 $\omega = \dfrac{1+\sqrt{5}}{2}$, $\bar{\omega} = \dfrac{1-\sqrt{5}}{2}$,易验证 $\omega^2 = \omega + 1$, $(\bar{\omega})^2 = \bar{\omega} + 1$, $\omega \cdot \bar{\omega} = -1$,则 $F_n = \dfrac{1}{\sqrt{5}}[\omega^n - (\bar{\omega})^n]$. 而

$$F_{n+1}^2 = \frac{1}{5}[\omega^{n+1} - (\bar{\omega})^{n+1}]^2 = \frac{1}{5}[\omega^{2n+2} + (\bar{\omega})^{2n+2} - 2\omega^{n+1}(\bar{\omega})^{n+1}]$$

$$= \frac{1}{5}[\omega^{2n+2} + (\bar{\omega})^{2n+2} - 2(-1)^{n+1}]$$

又因为

$$F_n F_{n+2} = \frac{1}{5}[\omega^n - (\bar{\omega})^n][\omega^{n+2} - (\bar{\omega})^{n+2}]$$

$$= \frac{1}{5}[\omega^{2n+2} + (\bar{\omega})^{2n+2} - \omega^{n+2}(\bar{\omega})^n - \omega^n(\bar{\omega})^{n+2}]$$

$$= \frac{1}{5}[\omega^{2n+2} + (\bar{\omega})^{2n+2} - (\omega \cdot \bar{\omega})^n \omega^2 - (\omega \cdot \bar{\omega})^n(\bar{\omega})^2]$$

$$= \frac{1}{5}\{\omega^{2n+2} + (\bar{\omega})^{2n+2} - (-1)^n[\omega^2 + (\bar{\omega})^2]\}$$

$$= \frac{1}{5}[\omega^{2n+2} + (\bar{\omega})^{2n+2} - 3(-1)^n]$$

所以

$$F_{n+1}^2 - F_n F_{n+2} = \frac{1}{5}[\omega^{2n+2} + (\bar{\omega})^{2n+2} - 2(-1)^{n+1}] -$$

$$\frac{1}{5}[\omega^{2n+2} + (\bar{\omega})^{2n+2} - 3(-1)^n]$$

$$= \frac{1}{5}[-2(-1)^{n+1} + 3(-1)^n]$$

$$= \frac{1}{5} \big[2(-1)^n + 3(-1)^n \big] = (-1)^n$$

所以 $F_{n+1}^2 = F_n F_{n+2} + (-1)^n$.

性质 8：$F_{n+m} = F_{n+1}F_m + F_n F_{m-1}$.

这个性质是说每一项都可以用相关的四个项来表示. 该公式可以用数学归纳法来证明. 这里用比内公式来证明, 别有趣味.

例如：$F_{2+6} = F_3 F_6 + F_2 F_5$, 即 $21 = 2 \times 8 + 1 \times 5$.

证明：记 $\omega = \frac{1+\sqrt{5}}{2}$, $\bar{\omega} = \frac{1-\sqrt{5}}{2}$, 易知 $\omega \cdot \bar{\omega} + 1 = 0$, $\omega + \frac{1}{\omega} = \sqrt{5}$, $\bar{\omega} + \frac{1}{\bar{\omega}} = -\sqrt{5}$, 所以

$$F_{n+1}F_m + F_n F_{m-1} = \frac{1}{5}\big[\omega^{n+1} - (\bar{\omega})^{n+1}\big]\big[\omega^m - (\bar{\omega})^m\big] + \frac{1}{5}\big[\omega^n - (\bar{\omega})^n\big]\big[\omega^{m-1} - (\bar{\omega})^{m-1}\big]$$

$$= \frac{1}{5}\big[\omega^{m+n+1} + \omega^{m+n-1} + (\bar{\omega})^{m+n+1} + (\bar{\omega})^{m+n-1} - \omega^m(\bar{\omega})^{n+1} -$$

$$\omega^{n+1}(\bar{\omega})^m - \omega^{m-1}(\bar{\omega})^n - \omega^n(\bar{\omega})^{m-1}\big]$$

$$= \frac{1}{5}\big[\omega^{m+n}(\omega + \frac{1}{\omega}) + (\bar{\omega})^{m+n}(\bar{\omega} + \frac{1}{\bar{\omega}}) - \omega^{m-1}(\bar{\omega})^n(\omega \cdot \bar{\omega} + 1) -$$

$$\omega^n(\bar{\omega})^{m-1}(\omega \cdot \bar{\omega} + 1)\big]$$

$$= \frac{1}{5}\big[\sqrt{5} \cdot \omega^{m+n} - \sqrt{5} \cdot (\bar{\omega})^{m+n}\big]$$

$$= \frac{1}{\sqrt{5}}\big[\omega^{m+n} - (\bar{\omega})^{m+n}\big]$$

$$= F_{m+n}$$

在 $F_{n+m} = F_{n+1}F_m + F_n F_{m-1}$ 中, 令 $m = n$, 就有

$$F_{2n} = F_{n+1}F_n + F_n F_{n-1} = F_n(F_{n+1} + F_{n-1})$$

$$= (F_{n+1} - F_{n-1})(F_{n+1} + F_{n-1})$$

$$= F_{n+1}^2 - F_{n-1}^2$$

即有推论一：$F_{2n} = F_{n+1}^2 - F_{n-1}^2$.

在 $F_{n+m} = F_{n+1}F_m + F_n F_{m-1}$ 中, 令 $m = n+1$, 就有

$$F_{2n+1} = F_{n+1}F_{n+1} + F_n F_n = F_{n+1}^2 + F_n^2$$

即有推论二：$F_{2n+1} = F_{n+1}^2 + F_n^2$.

把杨辉三角排成如下等腰直角三角形的形式, 可得斐波那契数列 $\{F_n\}$：

72

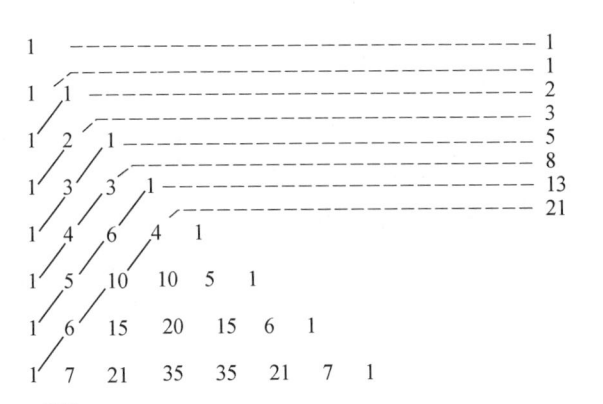

也就是

上述形式中,从第三行开始,从每一行的第一个数算起,画一条与直角边成 $45°$ 角的直线称为杨辉三角的递升对角线,那么第 $1,2,3,4,5,6,7,8,\cdots$ 条递升对角线上的各数之和正好是斐波那契数列的各项

$$F_1 = C_0^0 = 1$$

$$F_2 = C_1^0 = 1$$

$$F_3 = C_2^0 + C_1^1 = 2$$

$$F_4 = C_3^0 + C_2^1 = 3$$

$$F_5 = C_4^0 + C_3^1 + C_2^2 = 5$$

$$F_6 = C_5^0 + C_4^1 + C_3^2 = 8$$

$$F_7 = C_6^0 + C_5^1 + C_4^2 + C_3^3 = 13$$

$$F_8 = C_7^0 + C_6^1 + C_5^2 + C_4^3 = 21$$

$\cdots$

这难道是巧合吗？不是.我们可以证明:第 n 条递升对角线上的各数之和就是斐波那契数列的第 n 项,即

$$F_n = C_{n-1}^0 + C_{n-2}^1 + C_{n-3}^2 + C_{n-4}^3 + \cdots$$

斐波那契数是一种极其独特的数,人们已经知道它的诸多性质.

性质 1:若 n 能被 m 整除,则 F_n 也能被 F_m 整除.

例如:若 $4 \mid 8$,则 $F_4 = 3$, $F_8 = 21$,满足 $F_4 \mid F_8$.

性质 2:若 n 是非 4 的合数,则 F_n 也是合数.

例如:若 6 是合数,则 $F_6 = 8$ 也是合数.

性质 3:相邻的两个斐波那契数是互质数.

例如:$(1,1) = 1$, $(1,2) = 1$, $(2,3) = 1$, $(3,5) = 1$.

性质 4:相邻的斐波那契数的平方和仍为斐波那契数.

例如:$1^2 + 1^2 = 2$, $1^2 + 2^2 = 5$, $2^2 + 3^2 = 13$, $3^2 + 5^2 = 34$.

利用连分数研究斐波那契数,又是一种境界.

一个矩形,如果两边之比是黄金比值 $\omega = \dfrac{\sqrt{5}-1}{2}$,则称这个矩形为"黄金矩形".黄金矩形的性质也很奇特:可以把它分割成一个正方形和另一个黄金矩形.事实上,设大的黄金矩形的两边 a, b 之比为 ω,即 $a:b = \omega$,分出一个正方形后,余下的小矩形两边分别为 $b-a$ 和 a,它们的比

$$(b-a):a = \frac{b}{a} - 1 = \frac{1}{\omega} - 1 = \frac{1}{\dfrac{\sqrt{5}-1}{2}} - 1 = \frac{\sqrt{5}-1}{2} = \omega$$

这表明小的矩形也是黄金矩形.

黄金矩形的这一性质,允许我们把它分解成无穷多个正方形的和!此过程用算式表述,就是

$$\omega = \frac{a}{b} = \frac{a}{a+(b-a)} = \frac{1}{1+\dfrac{b-a}{a}} = \frac{1}{1+\omega}$$

所以

$$\omega = \cfrac{1}{1+\cfrac{1}{1+\omega}} = \cfrac{1}{1+\cfrac{1}{1+\cfrac{1}{1+\omega}}} = \cdots = \cfrac{1}{1+\cfrac{1}{1+\cfrac{1}{1+\cfrac{1}{1+\cdots}}}}$$

即 $\omega = [1,1,1,1,1,\cdots]$.它的渐近分数依次是

$$\frac{1}{1}, \frac{1}{2}, \frac{2}{3}, \frac{3}{5}, \frac{5}{8}, \frac{8}{13}, \frac{13}{21}, \frac{21}{34}, \frac{34}{55}, \frac{55}{89}, \cdots$$

74

呈现在我们面前的分数,分子、分母分别是斐波那契数列中相邻的两个数!

在平面几何中,也能遇到斐波那契数的问题.我们举一个有趣的例子——凭直觉"证明"64＝65.

将一个边长为 8 的正方形按图 20.1 所示分成四部分,这四部分分别是两个 Rt△AEF 和 Rt△ADF,以及两个直角梯形 GEBH 和 HCFG,然后把这四个部分拼成另外一个矩形 GEHC(如图 20.2 所示,注意:图中所标字母是梯形顶点,而括号内的字母是直角三角形的顶点).矩形 GEHC 的边长是 13 和 5,面积是 13×5＝65,而正方形的面积为 8×8＝64,所以 64＝65.

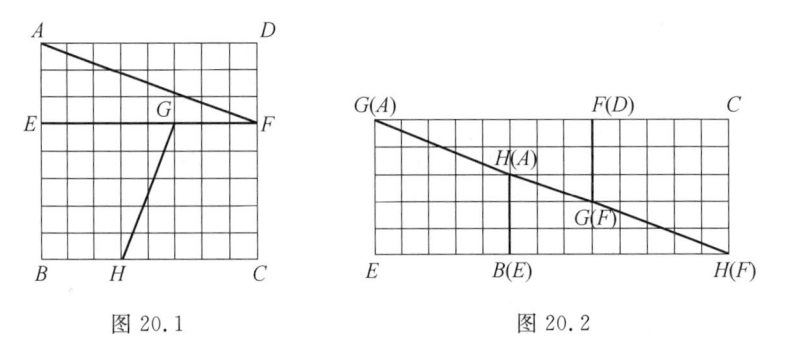

图 20.1 　　　　　　　　图 20.2

怎样解释这一奇怪现象呢?问题出在我们的眼睛.实际上,图 20.2 中的 $G(A)$,$H(A)$,$G(F)$ 和 $H(F)$ 四点并不在一条直线上,而是一个平行四边形的顶点,这个平行四边形的面积恰好等于那"多出来的"1 个单位.

为了说清楚这个问题,我们以一个项数充分大且为偶数的斐波那契数 F_{2n} 为边长作一个正方形(图 20.3),把它分成四部分:两个直角三角形(两直角边的边长分别为 F_{2n} 和 F_{2n-2})和两个直角梯形(上、下底边的长分别为 F_{2n-2} 和 F_{2n-1},直角腰的长为 F_{2n-1}),然后把这几部分拼成一个矩形,我们会发现,在矩形内部有一个平行四边形 $G(A)H(A)H(F)G(F)$ 的"空处"(图 20.4 中的阴影部分).

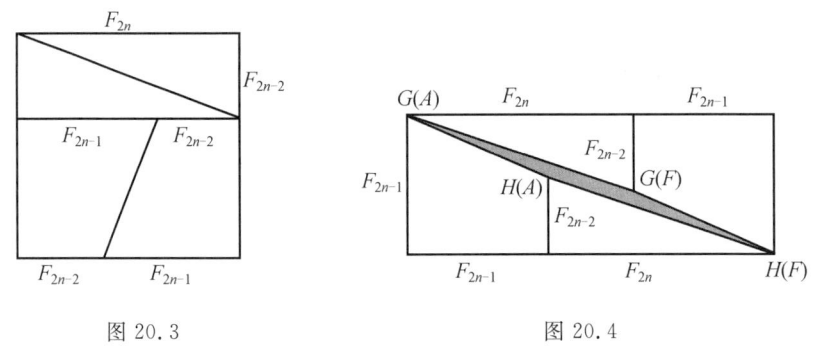

图 20.3 　　　　　　　　图 20.4

由于正方形的面积为 F_{2n}^2，矩形的面积为 $F_{2n-1}(F_{2n}+F_{2n-1})$，即 $F_{2n-1} \cdot F_{2n+1}$，又由性质 7 知，$F_{2n}^2 = F_{2n-1}F_{2n+1} - 1$，从而可知，平行四边形 $G(A)H(A)H(F)G(F)$ 的面积为 1.

我们知道，平行四边形的面积是底边长乘以高. 在平行四边形 $G(A)H(A)H(F)G(F)$ 中，以 $H(A)H(F)$ 为底边，记高为 h，则有 $h = \dfrac{1}{H(A)H(F)} = \dfrac{1}{\sqrt{F_{2n}^2+F_{2n-2}^2}}$. 这个高也就是阴影处的"宽度". 若正方形的边长 $F_{2n} = F_6 = 8$ 厘米，$F_{2n-2} = F_4 = 3$ 厘米，则 $h = \dfrac{1}{\sqrt{8^2+3^2}} = \dfrac{1}{\sqrt{73}} \approx 0.12$ 厘米. 这是一个极易被忽略的宽度，一不小心就误以为 $G(A)$，$H(A)$，$G(F)$ 和 $H(F)$ 四点在一条直线上. 于是就出现了 $64 = 65$ 的谬误.

与斐波那契数列有"亲缘"关系的是卢卡斯数列（卢斯卡（Lucas），法国数学家，1842—1891）

$$2,1,3,4,7,11,18,29,47,76,\cdots$$

它是由初始值 $L_1 = 2$，$L_2 = 1$ 和递推关系式 $L_{n+2} = L_{n+1} + L_n$ 所决定的. 人们也发现了这个数列的许多有趣的性质.

斐波那契数列诞生八百多年了，人们越来越感到这是一个奥妙无穷的数列，饶有兴致地继续探求它的性质以及应用. 这个在硕大数学之树上的古老纤枝，直至今日还在萌出新芽，开花结果.

第 21 节　用中文命名的"中国剩余定理"

《孙子算经》是南北朝时期（约 420—589）的数学著作，作者生平不详. 此书卷下第 26 题为"物不知数"问题："今有物不知其数：三三数之余二，五五数之余三，七七数之余二，问物几何？"这就是著名的"孙子问题".

明朝程大位（1533—1606）在《算法统宗》中，对孙子问题有四句口诀：

三人同行七十稀，

五树梅花廿一枝，

七子团圆正半月，

除百零五便得知.

意思是：把除以 3 所得的余数 2 乘以 70，把除以 5 所得的余数 3 乘以 21，把除以 7 所得的余数 2 乘以 15，然后把三个积加起来，减去 105 的倍数，所得的差即为所求的值.

列式为 $2 \times 70 + 3 \times 21 + 2 \times 15 = 233, 233 - 105 \times 2 = 23$.

口诀中,"三人"与"七十稀"相配、"五树"与"廿一枝"相配、"七子"与"正半月"相配,配合得自然和谐. 如此匹配,暗指了 $2 \times 70, 3 \times 21$ 和 2×15 三个式子,再将三个积之和"除(去)百零五"即减去 105 的倍数,就得到所求之数. 这四句歌诀把解题过程加以诗化,完全符合中国古代文人的审美情趣.

1963 年,华罗庚在其所著的《从孙子的"神奇妙算"谈起》中也有相关表述:因为三除余二,七除余二,所以二十一除余二,而二十三是三、七除余二的最小数,刚好又是五除余三的数,所以心算快的人都能算出答案为 23.

实际上,孙子问题的解法适于一般情况. 为此,我们正式地介绍孙子问题的三种解法.

孙子问题:一个整数,除以 3 余 2,除以 5 余 3,除以 7 余 2,则这个数至少是多少?

解法一:看成方程组的问题.

设所求整数为 N,则
$$\begin{cases} N = 3x + 2 \\ N = 5y + 3 \\ N = 7z + 2 \end{cases}$$

此方程组等价于
$$\begin{cases} 3x - 5y = 1 & \text{①} \\ 5y - 7z = -1 & \text{②} \end{cases}$$

我们知道,对于整系数不定方程 $ax + by = c, (a, b) = 1$,有如下求解公式(裴蜀定理):若 (x_0, y_0) 是方程的一组解,则方程的一切整数解为
$$\begin{cases} x = x_0 + bt \\ y = y_0 - at \end{cases} \quad (t \text{ 是参数}, t \in \mathbf{Z})$$

那么,由①得
$$\begin{cases} x = 2 + 5m \\ y = 1 + 3m \end{cases} \quad (m \text{ 是参数}, m \in \mathbf{Z})$$

由②得
$$\begin{cases} y = 4 + 7n \\ z = 3 + 5n \end{cases} \quad (n \text{ 是参数}, n \in \mathbf{Z})$$

令 $1 + 3m = 4 + 7n$,即 $3m - 7n = 3$,解得 $\begin{cases} m = 8 + 7t \\ n = 3 + 3t \end{cases}$. 所以

77

$$x = 5(7t+8)+2 = 35t+42$$
$$y = 3(7t+8)+1 = 21t+25$$
$$z = 5(3t+3)+3 = 15t+18$$

所以 $N = 3(35t+42)+2 = 105(t+1)+23$，当 $t=-1$ 时，$N=23$ 就是最小解.

解法二：看成一次同余方程组的问题.

设所求整数为 x，则

$$\begin{cases} x \equiv 2 \pmod 3 \\ x \equiv 3 \pmod 5 \\ x \equiv 2 \pmod 7 \end{cases}$$

求一次同余方程组的解.

解：由 $x \equiv 2 \pmod 3$ 得

$$x = 3m+2 \qquad\qquad ①$$

代入 $x \equiv 3 \pmod 5$，有

$$3m+2 \equiv 3 \pmod 5$$
$$\Rightarrow 3m \equiv 1 \pmod 5$$
$$\Rightarrow 3m \equiv 6 \pmod 5$$
$$\Rightarrow m \equiv 2 \pmod 5$$
$$\Rightarrow m = 5n+2$$

代入①，得 $x = 3(5n+2)+2$，即

$$x = 15n+8 \qquad\qquad ②$$

代入 $x \equiv 2 \pmod 7$，得

$$15n+8 \equiv 2 \pmod 7$$
$$\Rightarrow 15n+8 \equiv 9 \pmod 7$$
$$\Rightarrow 15n \equiv 1 \pmod 7$$
$$\Rightarrow 15n \equiv 15 \pmod 7$$
$$\Rightarrow n \equiv 1 \pmod 7$$
$$\Rightarrow n \equiv 7k+1$$

代入②，得

$$x = 15(7k+1)+8 = 105k+23$$

所以当 $k=0$ 时，$x=23$ 就是最小解.

我们看到，上述解法是有点麻烦的. 有没有一种统一的解法呢？有！那就是孙子定理，即中国剩余定理.

如果 $n \geqslant 2, m_1, m_2, \cdots, m_n$ 是两两互质的正整数，令 $M = m_1 \cdot m_2 \cdot \cdots \cdot m_n =$

$m_1 M_1 = m_2 M_2 = \cdots = m_n M_n$，则同余方程组

$$\begin{cases} x \equiv b_1 (\mathrm{mod}\ m_1) \\ x \equiv b_2 (\mathrm{mod}\ m_2) \\ \vdots \\ x \equiv b_n (\mathrm{mod}\ m_n) \end{cases}$$

有正整数解 $x \equiv b_1 M_1' M_1 + b_2 M_2' M_2 + \cdots + b_n M_n' M_n (\mathrm{mod}\ M)$，其中 M_i' 是满足 $M_i' M_i \equiv 1 (\mathrm{mod}\ m_i)(i=1,2,\cdots,n)$ 的一个整数.

此定理的证明在这里从略. 下面直接运用这个定理.

解法三：用孙子定理来解.

本题中，$m_1 = 3, m_2 = 5, m_3 = 7$，则

$M = 3 \times 5 \times 7 = 105, M_1 = 5 \times 7 = 35, M_2 = 3 \times 7 = 21, M_3 = 3 \times 5 = 15$

由 $M_1' M_1 \equiv 1(\mathrm{mod}\ m_1)$，即

$$35 M_1' \equiv 1(\mathrm{mod}\ 3)$$
$$\Rightarrow 35 M_1' \equiv 37(\mathrm{mod}\ 3)$$
$$\Rightarrow M_1' \equiv 2(\mathrm{mod}\ 3)$$

由 $M_2' M_2 \equiv 1(\mathrm{mod}\ m_2)$，即

$$21 M_2' \equiv 1(\mathrm{mod}\ 5)$$
$$\Rightarrow 21 M_2' \equiv 21(\mathrm{mod}\ 5)$$
$$\Rightarrow M_2' \equiv 1(\mathrm{mod}\ 5)$$

由 $M_3' M_3 \equiv 1(\mathrm{mod}\ m_3)$，即

$$15 M_3' \equiv 1(\mathrm{mod}\ 7)$$
$$\Rightarrow 15 M_3' \equiv 15(\mathrm{mod}\ 7)$$
$$\Rightarrow M_3' \equiv 1(\mathrm{mod}\ 7)$$

又 $b_1 = 2, b_2 = 3, b_3 = 2$，所以

$$x \equiv b_1 M_1' M_1 + b_2 M_2' M_2 + b_3 M_3' M_3$$
$$= 2 \times 2 \times 35 + 3 \times 1 \times 21 + 2 \times 1 \times 15$$
$$= 140 + 63 + 30 = 105 \times 2 + 23$$
$$\equiv 23(\mathrm{mod}\ 105)$$

所以这个整数至少是 23.

从解法三中看出，求整数 M_i' 仍是问题的关键，因此需要再加以详细说明.

一般地，设 a 为质数，且 $(a, p) = 1$，若 $aa' \equiv 1(\mathrm{mod}\ p)$，则称 a' 是 a 的乘法逆元，简称逆元. 反之亦然. 我们还把 a' 记为 $\mathrm{inv}\ a$，即 $a' = \mathrm{inv}\ a$.

显然,在模 p 的简化剩余系中,作为乘法逆元的 inv a 必须是唯一的.

这说明,解法三中需求的 M_i',实际上是数 M_i 的乘法逆元,即

$$M_i' = \text{inv } M_i \pmod{m_i}$$

那么怎样求乘法逆元 inv a 呢?一般运用逆元的性质.

因为 $b \cdot \text{inv } b \equiv 1 \pmod{p}$,两边同乘以 a,得

$$ab \cdot \text{inv } b \equiv a \pmod{p}$$

所以

$$a \cdot \text{inv } b \equiv \frac{a}{b} \pmod{p}$$

这个结论非常重要!计算 $\frac{a}{b} \pmod{p}$ 时,可以这样处理:在 a 上不断加 p(或在 b 上不断减 p),直到分母能整除分子为止.

以下再看:

因为 $35\text{inv } 35 = 1$,所以

$$\text{inv } 35 = \frac{1}{35} = \frac{1}{3 \times 11 + 2} \equiv \frac{1}{2} \equiv \frac{4}{2} = 2 \pmod{3}$$

有了以上讨论,我们再举一例:有一整数,除以 7 余 2,除以 8 余 4,除以 9 余 3,则这个数至少是多少?

设所求整数为 x,则

$$\begin{cases} x \equiv 2 \pmod{7} \\ x \equiv 4 \pmod{8} \\ x \equiv 3 \pmod{9} \end{cases}$$

$$m_1 = 7, m_2 = 8, m_3 = 9$$

则

$$M = 7 \times 8 \times 9 = 504, M_1 = 8 \times 9 = 72, M_2 = 7 \times 9 = 63, M_3 = 7 \times 8 = 56$$

$$M_1' = \frac{1}{72} = \frac{1}{7 \times 10 + 2} \equiv \frac{1}{2} \equiv \frac{8}{2} = 4 \pmod{7}$$

$$M_2' = \frac{1}{63} = \frac{1}{8 \times 7 + 7} \equiv \frac{1}{7} \equiv \frac{49}{7} = 7 \pmod{8}$$

$$M_3' = \frac{1}{56} = \frac{1}{6 \times 9 + 2} \equiv \frac{1}{2} \equiv \frac{10}{2} = 5 \pmod{9}$$

又 $b_1 = 2, b_2 = 4, b_3 = 3$,所以

$$x \equiv b_1 M_1' M_1 + b_2 M_2' M_2 + b_3 M_3' M_3$$

$$= 2 \times 4 \times 72 + 4 \times 7 \times 63 + 3 \times 5 \times 56$$

$$=576+1\ 764+840=3\ 180$$
$$=504\times 6+156$$
$$\equiv 156(\bmod\ 504)$$

所以这个整数至少为 156.

以上求乘法逆元的方法一般称为凑数法. 此法只适用于 a,b,p 数值不大的情形. 此外,求乘法逆元还有费马小定理法、辗转相除法、欧拉筛法等方法. 后三种方法可设计程序用机器来完成. 顺便提及一下,求乘法逆元问题是 ACM-ICPC(国际大学生程序设计)竞赛的一个重要内容.

上面的孙子定理算法,数学家秦九韶早于西方 500 年就已得到. 1247 年,他完成了数学杰作《数书九章》,在这本书里,用于求解一次同余式组的"大衍求一术"达到了世界领先的水平.

在欧洲,最早接触一次同余式的,是和秦九韶同时代的意大利数学家斐波那契,他在《算法之书》中给出了两个一次同余问题,与孙子问题"物不知数"相仿,但研究水平并未超过《孙子算经》. 直到数学家欧拉于 1743 年、高斯于 1801 年对一般一次同余式进行了详细研究,才重新获得和秦九韶"大衍求一术"相同的定理.

那么中国剩余定理是怎么回事呢?

1852 年,从英国来华的传教士伟烈亚力(Wylie,1815—1887)在《中国科学摘记》一书中介绍了孙子问题和秦九韶的"大衍求一术",引起了欧洲学者的重视. 1874 年,德国马蒂生(Matthiessen,1830—1906)指出,孙子问题的解法和高斯方法一致,德国著名数学史家康托尔看到马蒂生的文章后,高度评价了秦九韶的方法,并称赞秦九韶是"最幸运的天才". 从此,西方称"大衍求一术"为"中国剩余定理"(Chinese remainder theorem). 弥足珍贵的是,这是唯一以中国名字命名的数学定理.

1973 年,美国出版的一部数学史专著《十三世纪的中国数学》中,系统介绍了中国学者在一次同余论方面的成就,作者力勃雷希(比利时人)在评论秦九韶的贡献的时候说道:"秦九韶在不定分析方面的著作时代颇早,考虑到这一点,我们就会看到,萨顿称秦九韶为'他那个民族、他那个时代,并且确实也是所有时代最伟大的数学家之一',是毫不夸张的."

第22节 函数图画欣赏

我们用 $y=f(x)$ 表示函数,并且把幂函数、指数函数、对数函数、三角函数和反三角函数统称为基本初等函数.这五种基本初等函数的图像虽各不相同,但都非常优美.

函数还有一种重要的形式,即分段函数,它将定义域分为若干段,每一段上规定不同的对应关系,例如,含绝对值符号的函数就是分段函数

$$y=|x+1|+|x-2|=\begin{cases} -2x+1, x<-1 \\ 3, -1 \leqslant x<2 \\ 2x-1, x \geqslant 2 \end{cases}$$

它的图像是分段画出的.

函数的表现形式还有很多,例如由方程 $x^2+y^2=1$ 及其变量 x,y 的范围所确定的对应关系叫作隐函数(即由方程"解"出来的函数,它是一般意义上的函数.)

一般地,如果方程 $F(x,y)=0$ 能确定 y 是 x 的函数,那么称由这种方式表示的函数就是隐函数.而函数是指:在某一变化过程中,两个变量 x,y 对于某一范围内的 x 的每一个值,y 都有确定的值和它对应,那么 y 就是 x 的函数.这种关系一般用 $y=f(x)$ 即显函数来表示.而 $F(x,y)=0$ 即隐函数是相对于显函数来说的.

一个函数的图像或几个函数在同一坐标系下图像的组合,可以组成许多有趣的图案,我们称为函数图画.欣赏函数图画,也是一种美的享受.

由一个函数图像组成的图画,有的像一个字母,有的就是一个漂亮的几何图形.

图 22.1 像一个躺着的"S",这个函数是 $y=\sin x(-\pi \leqslant x \leqslant \pi)$.

图 22.2 是拉丁字母"ω"的夸张写法,该函数是 $y=(|x|-1)^2-4(-3 \leqslant x \leqslant 3)$.

图 22.3 是一个边长为 $\sqrt{2}$ 的正方形,其方程是 $|x|+|y|=1$.

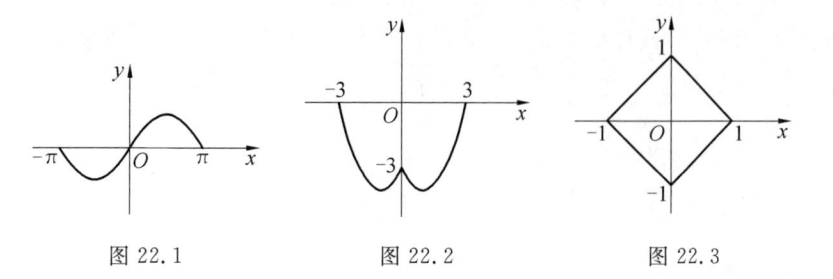

图 22.1　　　　　　图 22.2　　　　　　图 22.3

82

以上是直角坐标系下的函数图画.如果用极坐标给出函数图画,则更为绝妙.请看,下面的图画像什么花?

图 22.4、图 22.5 是三叶玫瑰线,极坐标方程是 $\rho=5\sin 3\theta,\rho=5\cos 3\theta$.（图中点 O 是极坐标系的极点,也是相应直角坐标系的原点.下同.）

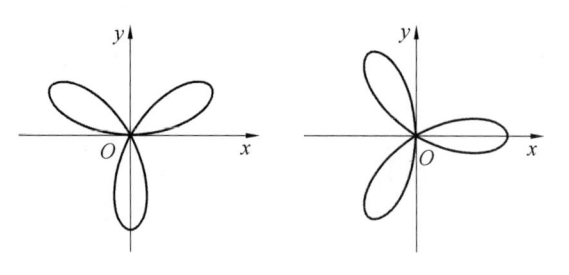

图 22.4   图 22.5

图 22.6、图 22.7 是四叶玫瑰线,极坐标方程是 $\rho=5\sin 2\theta,\rho=5\cos 2\theta$.

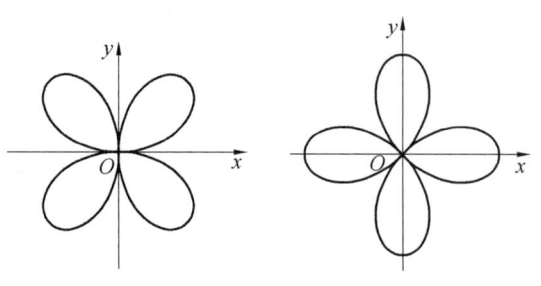

图 22.6   图 22.7

图 22.8、图 22.9 是八叶玫瑰线,极坐标方程是 $\rho=5\sin 4\theta,\rho=5\cos 4\theta$.

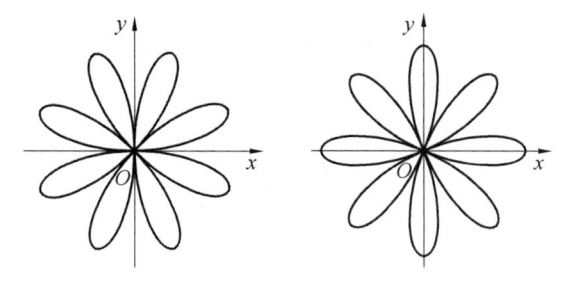

图 22.8   图 22.9

有的函数图画的数学名称与它的形状十分吻合.双纽线、心脏线就是这样的.

图 22.10、图 22.11 是双纽线,极坐标方程是 $\rho^2=25\sin 2\theta,\rho^2=25\cos 2\theta$.

83

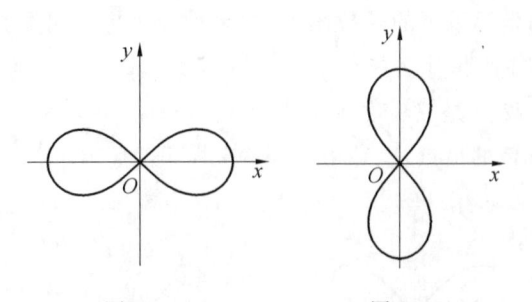

图 22.10   图 22.11

图 22.12、图 22.13 是心脏线,极坐标方程是 $\rho=3(1-\cos\theta)$,$\rho=3(1+\cos\theta)$.

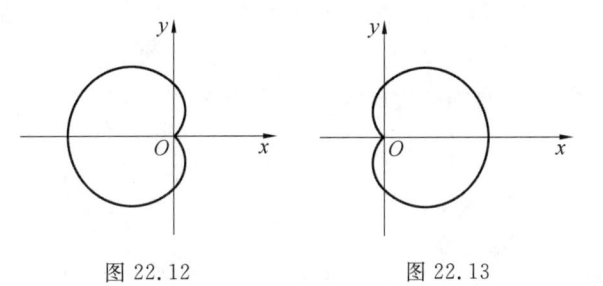

图 22.12   图 22.13

平面摆线又称旋轮线,它的参数方程是

$$\begin{cases} x=r(\varphi-\sin\varphi) \\ y=r(1-\cos\varphi) \end{cases} \quad (\varphi\text{ 为参数})$$

它的图像有时呈花圈形或多角星形,非常优美.借此机会,我们介绍一下旋轮线.

这里还有一段历史沿故事.在一个斜面上有两个质量、大小均相同的小球同时由起点向下滑落,一个沿着直线轨道,一个沿着曲线轨道,哪一个小球会先到达终点呢? 1630 年,伽利略提出了这个问题.当时,他认为这条线应该是一条圆弧,可是后来人们发现这个答案是错误的.1696 年,瑞士数学家约翰·伯努利(Johann Bernoulli,1667—1748)解决了这个问题.后来,牛顿、莱布尼兹、洛必达(l'Hôpital,1661—1704)、雅各布·伯努利等也解决了这个问题.这条最速降线就是摆线,也叫旋轮线.

旋轮线在现实生活中的应用十分广泛.我国古代宫廷建筑中就有屋顶呈旋轮线的外形,使得雨水能最快地流走.游乐场里跌宕起伏的过山车轨道,也设计成旋轮线形,让挑战者以最快的速度滑至底部,从而能感受最佳的刺激体验.由此可见,旋轮线既是一条充满速度与激情的运动曲线,又是一条实用性广泛的几何曲线.

84

图 22.14～22.17 所展现的就是旋轮线,同时还附上了参数方程.

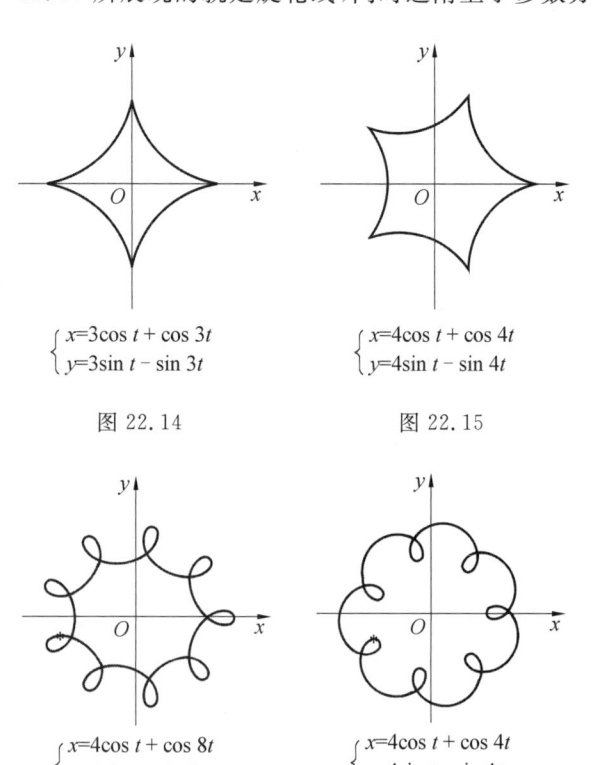

$$\begin{cases} x=3\cos t + \cos 3t \\ y=3\sin t - \sin 3t \end{cases}$$

图 22.14

$$\begin{cases} x=4\cos t + \cos 4t \\ y=4\sin t - \sin 4t \end{cases}$$

图 22.15

$$\begin{cases} x=4\cos t + \cos 8t \\ y=4\sin t - \sin 8t \end{cases}$$

图 22.16

$$\begin{cases} x=4\cos t + \cos 4t \\ y=4\sin t - \sin 4t \end{cases}$$

图 22.17

由若干个函数图像组成的函数图画,另有一番情趣.图 22.18 所画的图案是由五类线条组成的.

(1)反比例函数:$xy=1(-3\leqslant x\leqslant -\frac{1}{3})$和 $xy=-1(\frac{1}{3}\leqslant x\leqslant 3)$.

(2)圆:

$x^2+y^2=1$.

$(x-2)^2+(y-2)^2=\frac{1}{4}$,$(x+2)^2+(y+2)^2=\frac{1}{4}$.

$(x+2)^2+(y-2)^2=\frac{1}{4}$,$(x-2)^2+(y+2)^2=\frac{1}{4}$.

(3)右斜线段:

$y=x(-3\leqslant x\leqslant 3)$,$y=x+4(-3\leqslant x\leqslant -1)$,$y=-x+4(1\leqslant x\leqslant 3)$.

(4)左斜线段:

$y=-x(-3\leqslant x\leqslant 3)$,$y=-x-4(-3\leqslant x\leqslant -1)$,$y=x-4(1\leqslant x\leqslant 3)$.

(5)水平线段：

$y=\pm 1(-3\leqslant x\leqslant 3), y=0(-3\leqslant x\leqslant 3).$

$x=\pm 3(-3\leqslant y\leqslant 3), x=0(-3\leqslant y\leqslant 3).$

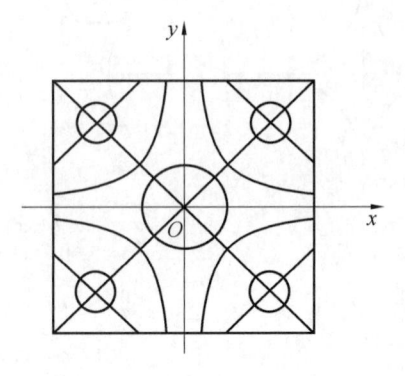

图 22.18

图 22.19 描绘的是一个五官俱全的人脸，圆圆的小眼睛，长长的大鼻子，看了真让人发笑，它是由十一条圆锥曲线组成的.

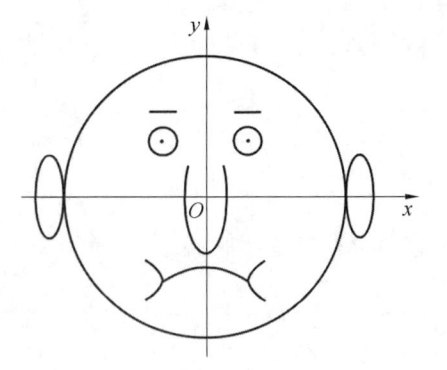

图 22.19

(1)$(x+3)^2+(y-4)^2=1.$

(2)$(x-3)^2+(y-4)^2=1.$

(3)$(x+3)^2+(y-4)^2=0.$

(4)$(x-3)^2+(y-4)^2=0.$

(5)$\dfrac{x^2}{\frac{9}{4}}+\dfrac{y^2}{16}=1(y<2).$

(6)$x^2=-9(y+5)(|x|\leqslant 3).$

(7)$(x-11)^2+\dfrac{y^2}{9}=1.$

86

$(8)(x+11)^2+\dfrac{y^2}{9}=1.$

$(9)y=6(-4\leqslant x\leqslant-2,$ 或 $2\leqslant x\leqslant4).$

$(10)\dfrac{x^2}{9}-\dfrac{(y+6)^2}{\dfrac{9}{4}}=1.$

$(11)x^2+y^2=100.$

用函数图画绘出爱心有多种方式,都是非常优雅的图形.图 22.20 由两段曲线组成: $f(x)=\sqrt{1-(|x|-1)^2}$, $g(x)=\arccos(1-|x|)-\pi.$

用函数图画写出英文"我爱你",可谓别出心裁,也非常有意思.如图 22.21 所示.

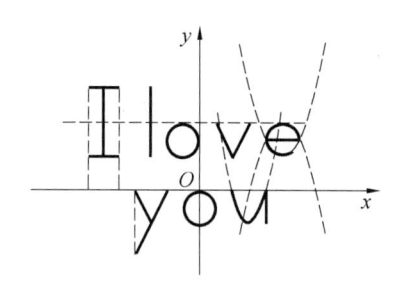

图 22.20　　　　图 22.21

构成这些"文字"的函数如下:

$(1)x=-6(2\leqslant y\leqslant6).$

$(2)y=6(-7\leqslant x\leqslant-5).$

$(3)y=2(-7\leqslant x\leqslant-5).$

$(4)(x+1)^2+(y-3)^2=1.$

$(5)y=-2x+6(1\leqslant x\leqslant2).$

$(6)y=2x-2(2\leqslant x\leqslant3).$

$(7)y=(x-5)^2+4(4\leqslant x\leqslant6).$

$(8)y=-(x+5)^2+2(4\leqslant x\leqslant5.5).$

$(9)y=-2x-8(-4\leqslant x\leqslant-3).$

$(10)y=2x+4(-4\leqslant x\leqslant-2).$

$(11)y=2(x-4)^2-2(2\leqslant x\leqslant4).$

$(12)x=4(-2\leqslant y\leqslant0).$

用数学知识画图,当然还有许多别的办法.例如,利用微积分知识画图,利用分形画图,利用其他高等数学知识画图等.

第 23 节　正方体趣探

正方体有 8 个顶点,12 条棱,6 个面,这些大家都能托口而出.

进一步问:正方体中,以顶点为端点的线段(即正方体的棱)有多少条,这些线段所在直线间的夹角是多少,它们之间的距离是多少,恐怕许多人对此就并不是十分清楚了.现在我们就来探讨诸如此类的有趣问题.

正方体有 8 个顶点,以顶点为端点的线段有 $C_8^2 = 28$ 条,这些线段可分为三类:

第一类是棱,就是各个面正方形的边,有 12 条.

第二类是面对角线,就是各个面正方形的对角线,也有 12 条.

第三类是体对角线,即图 23.1 中的 A_1C,AC_1,B_1D 和 BD_1,共有 4 条.

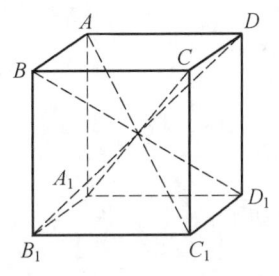

图 23.1

从 28 条正方体的线段中,任取 2 条组成一对,共有 $C_{28}^2 = 378$ 对.在这 378 对线段中,还可分三类:

第一类是平行线段,共 24 对,其中棱与棱的有 18 对,面对角线与面对角线的有 6 对.

第二类是相交线段,共 180 对,其中:

棱与棱的有 24 对.

面对角线与面对角线的有 30 对;体对角线与体对角线的有 6 对.

棱与面对角线的有 72 对;棱与体对角线的有 24 对.

面对角线与体对角线的有 24 对.

第三类是异面线段(指所在直线是异面直线的线段),共 174 对.其中:

棱与棱的有 24 对;面对角线与面对角线的有 30 对.

棱与面对角线的有 72 对;棱与体对角线的有 24 对.

面对角线与体对角线的有 24 对.

这么多对线段,如图 23.1 所示,上述数据是怎样得到的呢?

有一个诀窍:"同类线段应折半,异类线段直接算."何意?

举个例子:

计算棱与棱(同类线段)异面时,因为每条棱与 4 条另外的棱异面,正方体有 12 条棱,所以这样的线段对共有 $(4 \times 12) \div 2 = 24$ 对.

计算棱与面对角线(异类线段)相交时,因为每条棱与 6 条面对角线相交,正方体有 12 条棱,所以这样的线段对共有 $6 \times 12 = 72$ 对.

两平行线段之间的夹角,我们认为是 $0°$.不平行(相交或异面)的两线段之间的夹角是多少度呢? 制表如下(表 23.1):

表 23.1

两线段名称	两线段相交		两线段异面	
	角度	举例	角度	举例
棱与棱	$90°$	AA_1 与 AB	$90°$	AA_1 与 BC
棱与平行面的对角线			$45°$	AA_1 与 BC_1
棱与垂直面的对角线	$90°$	AA_1 与 AC	$90°$	AA_1 与 BD
棱与体对角线	$\arctan\sqrt{2} \approx$ $54°44'8''$	AA_1 与 A_1C	$\arctan\sqrt{2} \approx$ $54°44'8''$	AA_1 与 B_1D
相对面的对角线			$45°$	A_1D 与 BC_1
相邻面的对角线	$60°$	A_1B 与 BC_1	$60°$	A_1B 与 B_1C
同一面的对角线	$45°$	A_1B 与 AB_1		
面对角线与体对角线	$\arctan\dfrac{\sqrt{2}}{2} \approx$ $35°15'52''$	AC 与 A_1C	$90°$	BD 与 A_1C
体对角线与体对角线	$\arccos\dfrac{1}{3} \approx$ $70°31'45''$	AC_1 与 A_1C		

我们更感兴趣的是,异面的两线段之间的距离 d 等于多少.

设正方体的棱长为 1 个单位,那么 d 的数值只有四个:

(1)$d=1$,包括棱与棱(例如 A_1A 与 B_1C_1,如图 23.2 所示,下同)、棱与平行面的对角线(例如 A_1A 与 BC_1)、相对面的对角线(例如 A_1D 与 BC_1),共三种情况.

（2）$d=\dfrac{\sqrt{2}}{2}$，包括棱与垂直面的对角线（例如 A_1A 与 B_1D_1，如图 23.3 所示，下同）、棱与体对角线（例如 A_1A 与 BD_1），共两种情况.

（3）$d=\dfrac{\sqrt{3}}{3}$，只有相邻面的两对角线（例如 B_1D_1 与 BC_1，如图 23.4 所示）一种情况.

（4）$d=\dfrac{\sqrt{6}}{6}$，只有面对角线与体对角线（例如 A_1C 与 BD，如图 23.5 所示）一种情况.

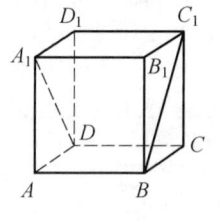
图 23.2

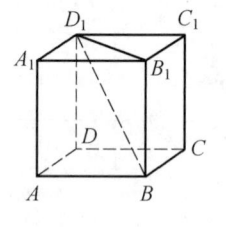
图 23.3

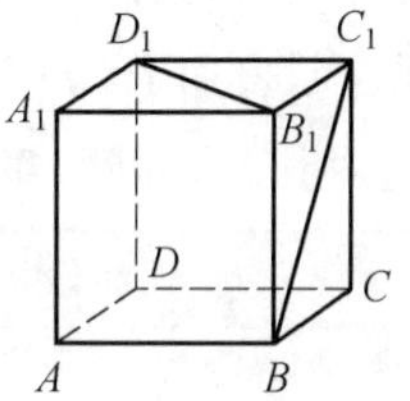

图 23.4

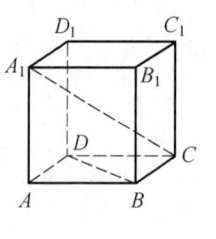
图 23.5

有趣的是，上述异面直线间的距离的数值 $1,\dfrac{\sqrt{2}}{2},\dfrac{\sqrt{3}}{3},\dfrac{\sqrt{6}}{6}$ 满足下面的关系：

①$1\times\dfrac{\sqrt{6}}{6}=\dfrac{\sqrt{2}}{2}\times\dfrac{\sqrt{3}}{3}$.

②$\left(\dfrac{\sqrt{2}}{2}\right)^2=\left(\dfrac{\sqrt{3}}{3}\right)^2+\left(\dfrac{\sqrt{6}}{6}\right)^2$.

由此我们想到，在正方体中：

（i）能否找到两个相似的三角形，它们对应边的边长分别为 $1,\dfrac{\sqrt{3}}{3}$ 和 $\dfrac{\sqrt{2}}{2},\dfrac{\sqrt{6}}{6}$？

（ii）能否找到一个直角三角形，它的三边分别为 $\dfrac{\sqrt{6}}{6}$，$\dfrac{\sqrt{3}}{3},\dfrac{\sqrt{2}}{2}$？

令人欣喜的是，这种三角形是存在的．如图 23.6 所示，在正方体 $A_1B_1C_1D_1-ABCD$ 中，O 是 AC 与 BD 的交点，OB_1 与 BD_1 交于点 N，易知 $OB_1\perp BD_1$，那么 $\mathrm{Rt}\triangle B_1BN\backsim$

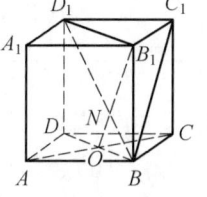
图 23.6

$Rt\triangle BON$,且 $B_1B=1$,$BN=\dfrac{\sqrt{3}}{3}$,$OB=\dfrac{\sqrt{2}}{2}$,$ON=\dfrac{\sqrt{6}}{6}$.

在 $Rt\triangle ONB$ 中,$ON=\dfrac{\sqrt{6}}{6}$,$BN=\dfrac{\sqrt{3}}{3}$,$OB=\dfrac{\sqrt{2}}{2}$.

在一个正方体中,异面直线间的距离值集中在一个三角形,这真是一个奇特的现象.正所谓:不探不知道,一探真奇妙!

第 24 节　圆锥曲线的应用及渊源

用一个平面去截对顶圆锥面(上下不封口)所得的截线就是圆锥曲线.当这个截面的倾斜程度变化时,分别得到圆、椭圆、抛物线和双曲线.

圆锥曲线的极坐标方程是 $\rho=\dfrac{ep}{1-e\cos\theta}$,当 $0<e<1$ 时表示椭圆,当 $e=1$ 时表示抛物线,当 $e>1$ 时表示双曲线.

三百多年前,天文学家从理论上证明了天体运行的轨迹是圆锥曲线.而这个结论也早已被实践证实.我们知道,人造地球卫星上天后所运行的轨道与发射时的初速度有关.当初速度为 7.9 千米/秒(第一宇宙速度)时,卫星绕地球做圆周运动,随着初速度的提高,到 11.1 千米/秒时,卫星做椭圆运动.当初速度达到 11.2 千米/秒(第二宇宙速度)时,它做抛物线运动.离开地球再也不返回成为太阳系中的人造卫星.当初速度达到 16.7 千米/秒(第三宇宙速度)时,它做双曲线运动,飞出太阳系到达最遥远的宇宙空间.

圆锥曲线在实践中有广泛的应用.

圆是最常见的曲线.生活中的锅碗瓢盆许多都是圆形的.自然界充满了圆,人类生活亦离不开圆.

椭圆可以看成是压扁的圆,它有两个焦点,椭圆上任意一点到两焦点的距离之和是一个定值,这个定值就是椭圆的长轴长,也就是椭圆最大的直径.

椭圆有一个重要的性质:过椭圆上任意一点的切线的法线(法线垂直于切线),平分该点与两焦点连线所夹的角,也就是图 24.1 中的 $\angle 1=\angle 2$.

这样一来,从一个焦点处发出的声音、光或热,经椭圆的反射,就可以聚集到另一个焦点上.这一性质,在光学上有许多应用.

激光是一种能量非常集中、方向性特别好的单色光,它在工业、通讯、测量、医疗、军事等方面都有很大的用途.地球与月球的平均距离是 384 403.9 千米.

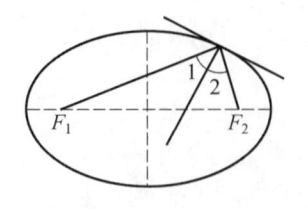

图 24.1

用激光测量地球到月球的距离,误差仅几厘米.用激光做成的手术刀,为病人切除脑部深处的肿瘤,既安全又方便,挽救了好多人的生命.

各种激光材料需要在外界强光的刺激下才能发出激光.目前,外界光源多选用高压氙气灯.为了充分利用氙气灯的光源,科学家把反光性能特别好的材料做成一个椭圆形柱面的聚光器,然后把激光材料和氙气灯分别放在椭圆的两个焦点上.这样,氙气灯发出的强光,经椭圆形柱面的反射,更集中地汇聚到激光材料上,能使激光材料得到更好的激发.

抛物线也有类似于椭圆的光学性质,不同的是在焦点处发出的光,经抛物线反射后形成的是平行光线,沿着抛物线的对称轴射出.这一性质在雷达和太阳灶上得到了充分的运用.无线电波和微波都是电磁波.它们的传播情况和光波基本相同.一束无线电波或微波,沿着抛物线的对称轴方向传到抛物线面之后,经过反射,可以聚集到焦点处.因此,收发微波、无线电波的雷达天线,大都做成抛物线面的形状.如图 24.2 所示.

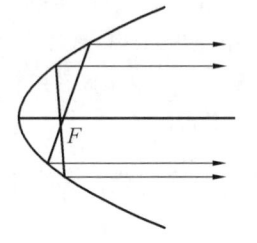

图 24.2

太阳灶的采光原理与雷达完全一样.它采集的是来自太阳的光线,把光线聚在焦点处会产生很高的温度.如我国制作的直径为 1 400 毫米的伞形太阳灶,它焦点处的温度可达 600~700 ℃.太阳能是一种既方便、又卫生,且不会带来环境污染的能源.大力开发太阳能,为人类造福,有美好的前景.

1994 年 7 月 17 日,一个名为"苏梅克—列维"的九号彗星撞击了木星.这是人类历史上罕见的空间巨大星体相撞的大"悲剧".天文学家就是利用天文望远镜进行观测和记录的.天文望远镜分为两种,一种是光学望远镜,另一种是射电望远镜.光学望远镜收集来自宇宙空间的光线,射电望远镜收集宇宙深处星体发出的电磁波.这些光线和电磁波都是非常微弱的.为了捕捉到这些微弱的信号,光学望远镜和射电望远镜的天线都做成了抛物线面形状.

双曲线的光学性质比椭圆、抛物线更为奇妙.在双曲线的右焦点上放置一根蜡烛,蜡烛光经双曲线右支反射到我们的眼睛里,我们会产生一种非常奇怪的感觉,好像这烛光是从左焦点处发出的.如图 24.3 所示.

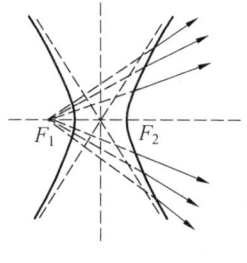

图 24.3

我国首制的双曲线电瓶新闻灯就利用了双曲线的上述性质,它的光好像是从较远的地方射来的,特别柔和.

双曲线的另一重要应用,就是"双曲线导航法".这种导航法从数学角度很好理解:

如图 24.4 所示,在海面上建立两个无线电发射台,同时发射相同的无线电讯号.比如一艘海船 A 收到 F_2 发出的讯号,比 F_1 发出的同一讯号晚 Δt 秒,就能算出海船到 F_1,F_2 的距离之差为 ΔS_1 千米.由双曲线定义知,海船 A 此时的位置必在以 F_1,F_2 为焦点且靠近 F_1 的一支双曲线上.

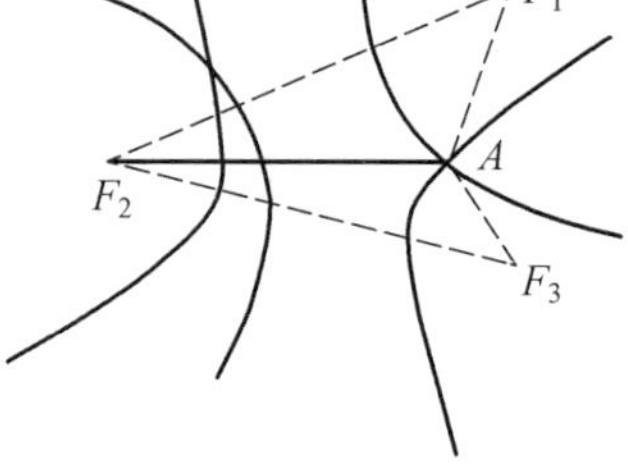

图 24.4

如果还有第三个发射台在 F_3 处同时发出讯号,就可以算出海船 A 到 F_2,F_3 的距离之差 ΔS_2.那么,海船一定在以 F_2,F_3 为焦点且靠近 F_3 的一支双曲线上.这样,海船 A 就必定在两条双曲线的交点上.于是,海船 A 此刻的位置就完全确定了.

在历史上,圆锥曲线的研究与其应用是息息相关的.

古希腊时期,很多人热衷于三大作图问题.数学家爱自玛斯(Evdoxus,公元前 375—公元前 325)在研究"立方倍体"的问题时,就用到了圆锥曲线.他取三个顶角分别为直角、锐角和钝角的圆锥,用垂直于一条母线的平面去截这个圆锥,就得到了"直角圆锥截线""锐角圆锥截线"和"钝角圆锥截线",实际上是椭圆、抛物线和双曲线的一支.

后来,数学家阿波罗尼奥斯(Apollonius,公元前 262—公元前 190)改进了对圆锥曲线的研究方法.他不用三个圆锥而只用一个圆锥,通过改变截面的位置来产生三种曲线,他还指出了截线是圆的情形.

此后的一千多年里,与代数学相比,几何学由于受欧几里得体系的束缚而发展缓慢.对于圆锥曲线的研究进展并不大.

17 世纪,天文学的发展和解析几何的诞生对圆锥曲线的研究注入了新的活力.英国数学家沃利斯(Wallis,1616—1703)第一个得到了圆锥曲线的方程,他把圆锥曲线定义为含 x,y 的二元二次方程.

圆锥曲线的研究成果反过来又推动了天文学的发展.这里有一个生动的例子:

1801 年,意大利天文学家皮亚齐(Piazzi,1746—1826)在用望远镜观察金牛星座时,发现了一颗新星.六个星期后,他因病中断了观测.等病体痊愈后,他就再也找不到这颗星了.德国数学家高斯根据皮亚齐提供的观测数据,运用圆锥曲线理论,算出了这颗星的轨道方程.1802 年元旦之夜,德国天文爱好者奥尔柏斯(Olbers,1758—1840)依据高斯的计算结果,找回了这颗新星.后来这颗星被命名为"谷神星",它是太阳系里小行星中最大的一个,直径约 770 千米.

第 25 节 "俏皮"的费马点

在生活实际、生产实践和科学研究领域,我们都会遇到一些关于"最优""最佳""最省""最大""最小"等问题,这些问题一般都能转化为数学里的最值问题.

1640 年,法国著名数学家费马提出一个关于三角形的有趣问题:在三角形所在平面上,求一点,使得该点到三角形三个顶点的距离之和最小.人们称这个点为费马点.

这个问题看似深奥,但实际解决时有相当漂亮的方法,原理也相当简单.故本节称为"俏皮"的费马点.

需要分两种情况来讨论,即三角形最大内角小于 $120°$ 和不小于 $120°$ 这两种情况.

(1)当三角形最大内角小于 $120°$ 时.

如图 25.1 所示,$\triangle ABC$ 内有一点 P,它到三个顶点的距离之和为 $PA+PB+PC$.不妨以顶点 C 为旋转中心,将 $\triangle CPB$ 逆时针旋转 $60°$ 到 $\triangle CEF$ 的位置.

由 $\triangle CPB \cong \triangle CEF$ 知,$PC=PE$,$PB=EF$.因此,$PA+PC+PB=AP+PE+EF$.显然,当 A,P,E,F 四点共线时,点 P 到三个顶点的距离之和最小.由 A,P,E 共线知,$\angle CPA=120°$;由 P,E,F 共线知,$\angle FEC=\angle BPC=120°$,所以此时的点 P 对三个顶点的张角均为 $120°$,因此点 P 就是费马点.

(2)当三角形最大内角不小于 $120°$ 时.

如图 25.2 所示,在 $\triangle ABC$ 中,$\angle BCA \geqslant 120°$,在其内任取一点 D,再以顶点 C 为旋转中心,将 $\triangle CDB$ 逆时针旋转,使得 F,C,A 三点共线.

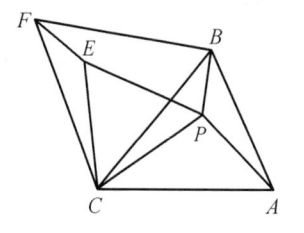

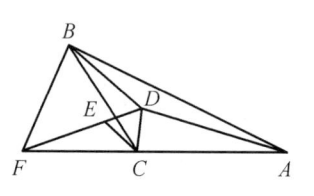

图 25.1   图 25.2

所以

$$\angle ECD = 180° - \angle FCE - \angle DCA$$
$$= 180° - \angle BCD - \angle DCA$$
$$= 180° - \angle BCA \leqslant 60°$$

在 $\triangle CED$ 中,有

$$\angle CED = \frac{1}{2}(180° - \angle ECD)$$

$$\geqslant \frac{1}{2}(180° - 60°)$$

$$= 60° \geqslant \angle ECD$$

所以 $DC \geqslant DE$.

因此,$DA+DC+DB \geqslant AD+DE+EF \geqslant FA$.

这说明点 C 到三个顶点的距离之和最小,即点 C 是费马点.

综上所述,所得结论是:

当 $\triangle ABC$ 最大内角小于 $120°$ 时,费马点 P 在 $\triangle ABC$ 的内部,且满足:$\angle APB = \angle BPC = \angle CPA = 120°$;当 $\triangle ABC$ 有一内角不小于 $120°$ 时,费马点就是最大角的顶点.

拿破仑(Napoléon,1769—1821)是法国历史上的一位皇帝,以他的名字命名的拿破仑定理是:"以任意三角形的三条边为边,向外构造三个等边三角形,则这三个等边三角形的外接圆圆心恰为另一个等边三角形的顶点."

对此定理略做变通,以 $\triangle ABC$ 三边为边向外作正 $\triangle BCD$,正 $\triangle CAE$,正 $\triangle ABF$,则 $AD = BE = CF$,且直线 AD,BE,CF 相交于一点 M. 如图 25.3 所示.

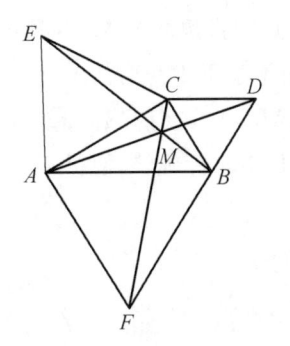

图 25.3

当 $\triangle ABC$ 的最大内角小于 $120°$ 时,易知点 M 在 $\triangle ABC$ 内,则点 M 就是费马点. 实际操作时,只需作两个正三角形,比如正 $\triangle BCD$ 和正 $\triangle CAE$,则 AD 与 BE 的交点 M 就是 $\triangle ABC$ 的费马点.

我们把平面上一点到三角形三个顶点的距离之和的最小值,称为费马距离. 那么,上述作图中,AD 和 BE 的长就是费马距离.

下面我们详细研究一个具体的范例.

如图 25.4 所示,正方形 $ABCD$ 的边长为 $2\sqrt{2}$,点 M 在对角线 BD 上,求 M 在什么位置时,$AM + CM + BM$ 取得最小值,最小值是多少.

此题实际上是:在等腰 $\text{Rt}\triangle ABC$ 中,直角边 $AB = BC = 2\sqrt{2}$,斜边 AC 上的中线为 BO,点 M 在 BO 上,求 $p = AM + CM + BM$ 的最小值.

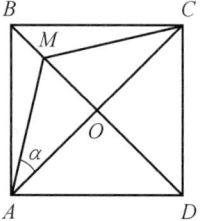

图 25.4

此问题属于费马问题,有多种解法. 一题多法,各显神通.

解法一:如果对费马问题不熟悉,但对导数有喜好,可以采用求导法.

如图 25.4 所示,设 $\angle MAO = \alpha$(α 为锐角),$AO = BO = CO = 2$,则 $MO = 2\tan\alpha$,$AM = CM = 2\sec\alpha$,又 $BM = 2(1 - \tan\alpha)$,所以

$$p = AM + CM + BM = 2(2\sec\alpha - \tan\alpha + 1)$$

则

$$\frac{p}{2} - 1 = 2\sec\alpha - \tan\alpha$$

令 $f(\alpha) = 2\sec\alpha - \tan\alpha$,求导可得

$$f'(\alpha) = \frac{2\sin\alpha - 1}{\cos^2\alpha}$$

令 $f'(\alpha) = 0$,得 $\alpha = 30°$,所以当 $\alpha = 30°$ 时,$f(\alpha) = \dfrac{p}{2} - 1$ 有最小值,最小值为 $\sqrt{3}$.

因此,当点 M 满足 $\angle AMO = 60°$ 时,$p = AM + CM + BM$ 有最小值,最小值为 $2 + 2\sqrt{3}$.

这是一种懒人用的方法.

解法二:受过一定训练(至少是见过此题)的人,会想到旋转法,将 MA,MB,MC 三条线段转移到一条折线段上.

如图 25.5 所示,将 $\triangle ABM$ 绕点 A 按逆时针旋转 $60°$ 得到 $\triangle AEN$,联结 NM,则 $\triangle ANM$ 为正三角形. 于是有 $MA + MB + MC = EN + NM + MC$,而折线 $ENMC$ 长的最小值为线段 EC 的长,即 $AM + CM + BM$ 的最小值就是 EC.

如图 25.6 所示,在 $\mathrm{Rt}\triangle CEH$ 中,有

$$EC = \sqrt{\left(\sqrt{6} + 2\sqrt{2}\right)^2 + \left(\sqrt{2}\right)^2} = 2 + 2\sqrt{3}$$

所以当点 M 满足 $\angle AMO = 60°$ 时,$p = AM + CM + BM$ 有最小值,最小值为 $2 + 2\sqrt{3}$.

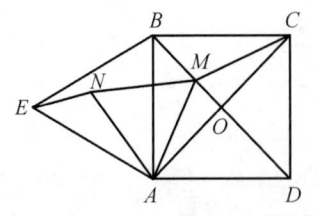

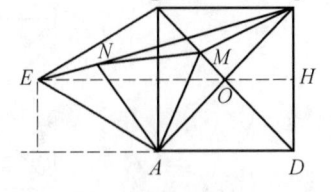

图 25.5　　　　　　　　　　　图 25.6

这是一种技巧方法.前提是你见过类似的做法.若初次见会很难想到此法.

解法三:平面内到三角形三个顶点的距离之和的最小值称为费马距离.如果知道"费马距离"的结论,可以直接进行计算.

因为费马距离是形外共边正三角形第三个顶点与原三角形第三个顶点的连线长,所以以 AB 为边作正 $\triangle ABE$,ED 即为所求. 又 $EC=ED$,故作 $EF\perp DA$,交 DA 的延长线于点 F,如图 25.7 所示.

在 Rt$\triangle DEF$ 中,有

$$ED=\sqrt{\left(\sqrt{6}+2\sqrt{2}\right)^{2}+\left(\sqrt{2}\right)^{2}}=2+2\sqrt{3}$$

所以当点 M 满足 $\angle AMO=60°$时,$p=AM+CM+BM$ 有最小值,最小值为 $2+2\sqrt{3}$.

这种解法适合做填空题.

解法四:我们知道,费马点对各边的视角均为 $120°$,那么我们在 BO 上取一点 M,使 $\angle AMO=60°$,由对称性知 $\angle AMC=\angle AMB=\angle BMC=120°$,故点 M 为费马点,如图 25.8 所示.

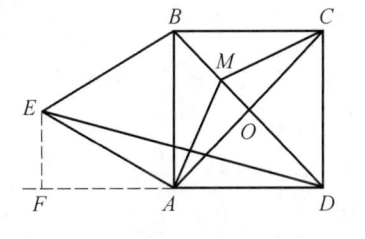

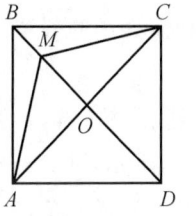

图 25.7　　　　　　　　　图 25.8

易知,$MO=2\tan 30°=\dfrac{2}{\sqrt{3}}$,$BM=2-\dfrac{2}{\sqrt{3}}$,$AM=CM=2\sec 30°=\dfrac{4}{\sqrt{3}}$.

所以 $p=AM+CM+BM=2-\dfrac{2}{\sqrt{3}}+2\times\dfrac{4}{\sqrt{3}}=2+2\sqrt{3}$.

这种解法直奔目标,干脆利落.

数学游戏

第
4
章

第 26 节　九宫格与《射雕英雄传》黄蓉

九宫格也称九宫图,是中国古代的一种数字游戏.

相传九宫图由"洛书"演化而成.大禹时,洛阳西洛宁县洛河中浮出神龟,背驮洛书.洛书上(图 26.1)黑点和白点排列成数阵,横、纵、斜三条线上的三个数字的和均为 15.

将洛书上黑白点代表的数用阿拉伯数字代替,就得到图 26.2 所示的图案.所以九宫格也称洛书.

"河图"是中国古代另一神秘的图案.历史上,河图、洛书与《易经》密不可分,还与八卦紧密相连,有一整套玄妙且艰深的理论.但这些并不在本文之列.

一般地,在 $n \times n$ 格的正方形中,每一小方格内放 1,2,3,$\cdots$,n^2 中的一个数,使每行、每列及对角线上的 n 个数之和都相等,这样的图案称为 n 阶幻方,相等的这个数叫作幻和.图 26.2 是九宫图,也是 3 阶幻方,幻和为 15.

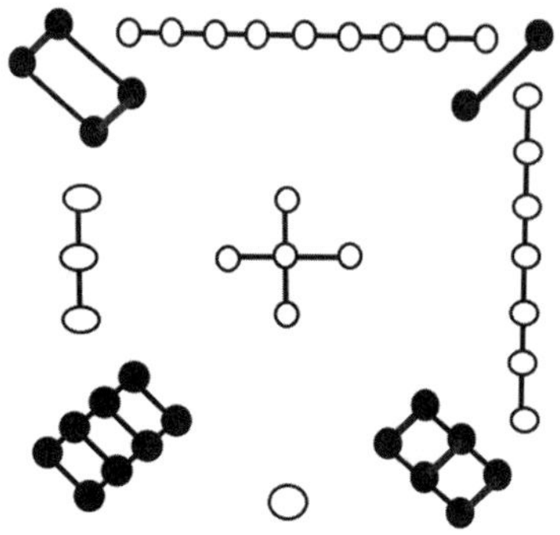

图 26.1

4	9	2
3	5	7
8	1	6

图 26.2

有趣的是,金庸(1924—2018)所著的《射雕英雄传》中,有一故事桥段:黄蓉被裘千仞的铁掌打伤,郭靖带着她去找一灯大师求救,来到了瑛姑的住所.瑛姑故意为难他们,出了一道题:"将一至九这九个数字排成三列,不论纵横斜角,每三数相加都是十五,如何排法?"

黄蓉心想:"我爹爹经营桃花岛,五行生克之变,何等精奥?这九宫之法是桃花岛阵图的根基,岂有不知之理?"当下低声诵道:"九宫之义,法以灵龟,戴九履一,左三右七,二四为肩,六八为足,五居中央."边说边在沙上画了一个九宫格.

小说中的黄蓉显然受过古代数字游戏的熏陶,故能把九宫格来源于神龟说出来,还能把九宫图的数字规律陈述得清楚明白.

其实,黄蓉陈述的就是图 26.2 的九宫格.原话引自公元 6 世纪的《数术记遗》一书.此书由北周时期(557—581)的数学家甄鸾所注.

戴九履一:数字 9 如同头戴帽子一样位于首行正中间;数字 1 如同脚穿鞋子一样位于末行正中间.

左三右七:第二行的左端是 3 右端是 7.

二四为肩:数字 4 和 2 如同肩膀一样位于首行的左右两端.

六八为足:数字 8 和 6 如同两足一样位于末行的左右两端.

五居中央:数字 5 位于正中央,即第 2 行第 2 列.

数学家杨辉把九宫格说成是纵横图,他对纵横图做过精心的研究.在《续古摘奇算法》(1275)中,他给出了纵横图的一种构造方法,并有口诀如下:

"九子斜排,上下对易,左右相更,四维挺出".

九子斜排:将九个自然数三三斜排(图 26.3).

上下对易:把上下两数对调(图 26.4).

左右相更:把左右两数对调(图 26.5).

四维挺出:再将 2,4,6,8 四个数字向外挺出,使之成为四个角(图 26.6).

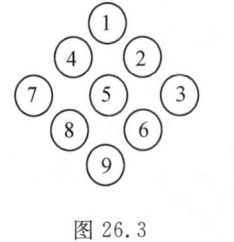

图 26.3

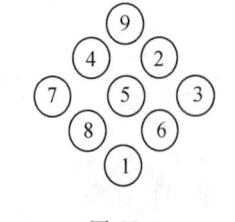

图 26.4

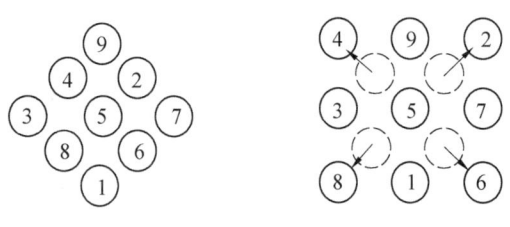

图 26.5   图 26.6

这样就得到一个三横三纵的纵横图,即 3 阶幻方.

幻方作为有规律的数阵有许多独特的性质.

记 n 阶幻方的幻和为 $S(n)$,一方面,n 阶幻方中所有数字之和为

$$1+2+3+\cdots+n^2 = \frac{n^2(n^2+1)}{2}$$

另一方面,n 阶幻方中所有数字之和又为 $nS(n)$,所以

$$nS(n) = \frac{n^2(n^2+1)}{2}$$

$$S(n) = \frac{n(n^2+1)}{2}$$

那么,n 阶幻方有多少种呢?

先看九宫格有多少种.九宫格有三行、三列、两条对角线,共有 $3+3+2=8$ 处的数字之和为 15.而从 $1,2,3,4,5,6,7,8,9$ 这 9 个数字中,任取没有重复数字的 3 个数,且这 3 个数之和均为 15 的组合,有:$(4,9,2),(3,5,7),(8,1,6),(8,3,4),(1,5,9),(6,7,2),(8,5,2),(6,5,4)$,共 8 组.

这样,九宫格需要 8 处的数字之和为 15,正好由上述 8 个组合提供,因此九宫格只有 1 种.

但是,一个九宫格经过变换(旋转,互换对称行,互换对称列)可有 8 个不同的形式,如图 26.7 所示.

8	1	6
3	5	7
4	9	2

4	3	8
9	5	1
2	7	6

2	9	4
7	5	3
6	1	8

6	7	2
1	5	9
8	3	4

6	1	8
7	5	3
2	9	4

2	7	6
9	5	1
4	3	8

4	9	2
3	5	7
8	1	6

8	3	4
1	5	9
6	7	2

图 26.7

有人研究过，4 阶幻方有 880 种，经变换，它可有 7 070 个不同的形式．这真是一个庞大的数字！

5 阶和更高阶的幻方种类数，由于构造幻方的方法多种多样，还没有发现它的规律，所以这仍是一个尚待解决的问题．

第 27 节　神奇的幻方

前面我们介绍了 3 阶幻方（九宫格）的构造方法（杨辉法）.

一般情形下，构造幻方的方法多种多样．相对来说，奇数阶的幻方要简单一些．这里介绍由法国数学家罗贝尔（Loubere，1600—1664）发现的一个方法（罗贝尔法），现代中国人把这个方法编成了一个口诀，即：

"1 居顶行正中央，依次斜填右向上，上出框时往下填，右出框时左边放，排重便在下格填，右上回头切莫忘."

1 居顶行正中央：数字 1 放在顶行最中间的位置上．

依次斜填右向上：向右上角依次填入后续数字．

上出框时往下填：若上方出边框，就在下一列的最底行填入后续数字．

右出框时左边放：若右方出边框，就在上一行的最左行填入后续数字．

排重便在下格填：若右上格已被数字填入，就在本列的下一行填入后续数字．

右上回头切莫忘：按以上规定向上行走，受阻时就回头，别忘记了．

罗贝尔法就是一个不断爬山的过程，故又称"爬山法"．

例如，图 27.1 就是用爬山法绘制的 5 阶幻方．

17	24	1	8	15
23	5	7	14	16
4	6	13	20	22
10	12	19	21	3
11	18	25	2	9

图 27.1

下面我们绘制一个 11 阶的幻方！

102

11 阶幻方的幻和为 $S(11) = \dfrac{11 \times (11^2 + 1)}{2} = 671$.

如图 27.2 所示，图中的箭头指示了从 1 到 15 的路径.

68	81	94	107	120	1	14	27	40	53	66
80	93	106	119	11	13	26	39	52	65	67
92	105	118	10	12	25	38	51	64	77	79
104	117	9	22	24	37	50	63	76	78	91
116	8	21	23	36	49	62	75	88	90	103
7	20	33	35	48	61	74	87	89	102	115
19	32	34	47	60	73	86	99	101	114	6
31	44	46	59	72	85	98	100	113	5	18
43	45	58	71	84	97	110	112	4	17	30
55	57	70	83	96	109	111	3	16	29	42
56	69	82	95	108	121	2	15	28	41	54

图 27.2

具体来说，就是：

把 1 填到第 1 行第 6 列（顶行的正中央），向上出框.

⇒2 就填到最底一行（第 11 行）的下一列（第 7 列）.

⇒3,4,5 依次填到右上方的格子内,6 填到第 7 行第 11 列时,向右出框.

⇒7 就填到上一行（第 6 行）最左列（第 1 列）.

⇒8,9,10 依次填到右上方的格子内,11 填到第 2 行第 5 列时,右上被 1 占据.

⇒12 就填到本列（第 5 列）的下一行（第 3 行）. 以下类推.

至于偶数阶幻方的构造，必须分双偶（即 $n = 4m$）和单偶（即 $n = 4m + 2$）两种情况来加以讨论. 由于涉及内容较多,这里就不介绍了. 图 27.3 是 4 阶幻方,幻和为 34,图 27.4 是 6 阶幻方,幻和为 111.

16	3	2	13
5	10	11	8
9	6	7	12
4	15	14	1

图 27.3

35	1	6	26	19	24
3	32	7	21	23	25
31	9	2	22	27	20
8	28	33	17	10	15
30	5	34	12	14	16
4	36	29	13	18	11

图 27.4

历史上,幻方曾被蒙上了一层神秘的色彩,认为是一种深奥莫测的图形.

许多人热衷于这个十分迷人的数学游戏.1514 年,在德国著名版画家丢勒(Dürer,1471—1528)的著名画作《忧郁》里,就藏着一个完整的 4 阶幻方.

美国著名物理学家富兰克林(Benjamin Franklin,1706—1790)也是一个幻方迷,他给出了 8 阶幻方,如图 27.5 所示.

52	61	4	13	20	29	36	45
14	3	62	51	46	35	30	19
53	60	5	12	21	28	37	44
11	6	59	54	43	38	27	22
55	58	7	10	23	26	39	42
9	8	57	56	41	40	25	24
50	63	2	15	18	31	34	47
16	1	64	49	48	33	32	17

图 27.5

下面我们简介幻方的应用.

将一块浮力大于 45 千克的方形平板放在静水中.现有 9 箱货物,重量分别为 1 千克,2 千克,3 千克,……,9 千克.试问:将这 9 箱货物全部放在这块平板上,怎样才能使它们在水面上保持平衡?

答案是显然的,只需将 9 箱货物按 3 阶幻方放置即可.

我们把物质在空间平衡的原理叫作幻方原理.目前,幻方原理在图论、组合分析、实验设计(例如正交设计)等方面都有一些应用.

不过,要指出的是,幻方的主要作用还是游戏.就拿数学学科来说,它还是有一些应用的,但要说有很多应用那肯定是言过其实.

中国近代在幻方的学术研究上取得了一系列重大成果,很多研究成果在世界幻方学术研究领域处于领先地位.例如,据中国幻方协会报道,李文的 10 阶标准幻立方、729 阶五次幻方、36 阶广义五次幻方,苏茂挺的 32 阶完美平方幻方等,都是在世界上首次构制成功的.

第 28 节　魔幻的拉丁方

与幻方类似但又不同的一种数阵,叫作拉丁方.把 $1,2,3,\cdots,n$ 这 n 个数填到 $n\times n$ 格的正方形中,使得每一行和每一列都有数字 $1,2,3,\cdots,n$ 出现,这样的数阵叫作 n 阶拉丁方.例如,图 28.1 就是一个 3 阶拉丁方.为书写方便,我们又把拉丁方写成数阵的形式,如图 28.2 所示.

1	2	3
2	3	1
3	1	2

$$\begin{bmatrix} 1 & 2 & 3 \\ 2 & 3 & 1 \\ 3 & 1 & 2 \end{bmatrix}$$

图 28.1　　　　　　　图 28.2

如下是一个与拉丁方相关的有趣的"三十六军官"问题:

传说在 18 世纪,普鲁士王国(在德国和波兰境内,现在已经不存在了)的国王决定举行一次盛大的阅兵典礼,计划从 6 支军团中,每个军团选出 6 名不同军衔的军官,组成一个"6×6"方阵,要求每行、每列都有各军团和各军衔的军官,不重复,也不遗漏.这件看似简单的任务却根本执行不了.国王对这件事情感到很困惑,他亲自指挥站队,但仍不能满足要求.于是,他去请教大名鼎鼎的数学家欧拉.

1782 年,欧拉提出了一个"三十六军官"问题:从 6 个不同的军团中各选 6 种不同军衔的军官共 36 人,排成一个 6 行 6 列的方阵,使得各行各列的 6 名军官恰好来自不同的军团而且军衔各不相同,应如何排这个方阵?

怎样把这个问题与拉丁方联系起来呢? 先将问题简化一点.设有三个军团和三个不同军衔的 9 个军官,排成了一个 3×3 方阵.

一个军官可用有序数对 (i,j) 来表示军团,其中 $i(i=1,2,3)$ 表示军团,

$j(j＝1,2,3)$ 表示军衔. 那么, 要使每行、每列都有每种军团, 就要把有序数对 (i,j) 的第一个数 i 排成一个拉丁方, 例如 $\begin{bmatrix} 1 & 2 & 3 \\ 3 & 1 & 2 \\ 2 & 3 & 1 \end{bmatrix}$. 另外要使每行、每列都有每个军衔, 就要把有序数对 (i,j) 的第二个数字 j 也排成一个拉丁方, 例如 $\begin{bmatrix} 1 & 2 & 3 \\ 2 & 3 & 1 \\ 3 & 1 & 2 \end{bmatrix}$.

现在, 要同时满足以上两项要求, 就要把这两个 3 阶拉丁方"并置"起来, 写成

$$\underset{\text{军团方阵}}{\begin{bmatrix} 1 & 2 & 3 \\ 3 & 1 & 2 \\ 2 & 3 & 1 \end{bmatrix}} \cdot \underset{\text{军衔方阵}}{\begin{bmatrix} 1 & 2 & 3 \\ 2 & 3 & 1 \\ 3 & 1 & 2 \end{bmatrix}} \rightarrow \underset{\text{并置方阵}}{\begin{bmatrix} (1,1) & (2,2) & (3,3) \\ (3,2) & (1,3) & (2,1) \\ (2,3) & (3,1) & (1,2) \end{bmatrix}}$$

这里, 所谓的"并置"并不是矩阵的加法或乘法, 而是指将两个拉丁方(当然是同阶的)相应位置上的数 a_{ij} 与 b_{ij} 构成数组 (a_{ij}, b_{ij}), 组成新的关于迭合数组的拉丁方.

两个 3 阶拉丁方, 如果迭合之后的迭合拉丁方出现全部 9 种可能的有序数组 $(i,j)(i＝1,2,3;j＝1,2,3)$, 我们就说: 迭合前的那两个 3 阶拉丁方是一对正交的 3 阶拉丁方.

同理, 两个 4 阶拉丁方, 如果迭合之后的迭合拉丁方出现全部 16 种可能的有序数组 $(i,j)(i＝1,2,3,4;j＝1,2,3,4)$, 我们就说: 迭合前的那两个 4 阶拉丁方是一对正交的 4 阶拉丁方. 例如

$$\begin{bmatrix} 4 & 3 & 2 & 1 \\ 2 & 1 & 4 & 3 \\ 1 & 2 & 3 & 4 \\ 3 & 4 & 1 & 2 \end{bmatrix} \cdot \begin{bmatrix} 1 & 3 & 4 & 2 \\ 2 & 4 & 3 & 1 \\ 3 & 1 & 2 & 4 \\ 4 & 2 & 1 & 3 \end{bmatrix} \rightarrow \begin{bmatrix} (4,1) & (3,3) & (2,4) & (1,2) \\ (2,2) & (1,4) & (4,3) & (3,1) \\ (1,3) & (2,1) & (3,2) & (4,4) \\ (3,4) & (4,2) & (1,1) & (2,3) \end{bmatrix}$$

一般地, 两个 n 阶拉丁方, 如果迭合之后的迭合拉丁方出现全部 n^2 种可能的有序数组 $(i,j)(i＝1,2,\cdots,n;j＝1,2,\cdots,n)$, 我们就说: 迭合前的那两个 n 阶拉丁方是一对正交的 n 阶拉丁方.

这样, "三十六军官"问题可重述如下:

是否存在一对 6 阶的正交拉丁方?

欧拉先从最简单的问题入手, 当 $n＝3$(即有 3 个军团、3 个军衔)时的方阵,

用 A,B,C 表示不同的军团,用 a,b,c 表示不同军衔的军官,如图 28.3 所示.这个方阵的特点是每行、每列中 A,B,C 各有一个,a,b,c 也各有一个,并且不出现重复,符合 3 阶拉丁方的要求.

$$\begin{bmatrix} (Aa) & (Bc) & (Cb) \\ (Bb) & (Ca) & (Ac) \\ (Cc) & (Ab) & (Ba) \end{bmatrix}$$

图 28.3

欧拉很快又写出 $n=4$ 和 $n=5$ 时的拉丁方,如图 28.4 和图 28.5 所示.

$$\begin{bmatrix} (Aa) & (Bb) & (Cc) & (Dd) \\ (Db) & (Ca) & (Bd) & (Ac) \\ (Bc) & (Ad) & (Da) & (Cb) \\ (Cd) & (Dc) & (Ab) & (Bb) \end{bmatrix}$$

$$\begin{bmatrix} (Aa) & (Bb) & (Cc) & (Dd) & (Ee) \\ (Ed) & (Ae) & (Ba) & (Cb) & (Dc) \\ (Db) & (Ec) & (Ad) & (Be) & (Ca) \\ (Ce) & (Da) & (Eb) & (Ac) & (Bd) \\ (Bc) & (Cd) & (De) & (Ea) & (Ab) \end{bmatrix}$$

图 28.4   图 28.5

当 $n=6$ 时的情形,既找不到满足要求的方阵,又无法证明它不存在,但欧拉估计它是不存在的.1782 年,欧拉说道:"我已经试验研究了很多次,我确信无法作出两个 6 阶的正交拉丁方,并且类似地,对于 $10,14,\cdots$,以及奇数 2 倍的阶数都是不可能的."

也就是说,$4n+2$ 阶(即单偶阶)的正交拉丁方是不存在的.

欧拉方阵猜想提出后,在很长一段时间内都没有得到解决.1900 年,阿尔及利亚一个名叫加斯顿·塔里(Gaston Tarry)的业余数学家列出了全部 6 阶的拉丁方,验证了它们当中任意两个都不是正交的,从而证实了 $n=6$ 时欧拉的猜想是正确的.

但是,人们认为,仅凭验证而没有从理论上加以证明,这是一个很大的缺陷.当阶数较大时,列出全部的拉丁方加以验证,显然是不可取的.再者,即使列出了全部拉丁方,要验证每两个是否正交也会非常烦琐.

在欧拉提出猜想的 180 年后,到了 20 世纪 60 年代,人们用计算机构造出了 $n=10$ 时的正交拉丁方阵,推翻了欧拉的猜测.现在我们已经知道,正交拉丁方阵不存在的唯一情况是 6 阶(当然,1 阶和 2 阶这两种没有意义的情况除外).

第 29 节 充满智慧的数独

数独是在方格子里填数字的一种游戏.

数独有 9×9 个小格子,由 9 个九宫格拼成,每个九宫格称为宫.其中有一些格子已经填入了数字,要求游戏者再填入数字,使得每一行、每一列和每一宫内数字 1~9 都只出现一次.数独题目一般都有且只有一个解.

数独起源于 18 世纪初问世的拉丁方,与九宫图也有很深的历史渊源.

n 阶拉丁方要求每一行、每一列均含 1~n,且不能重复.数独亦然.若把拉丁方的阶数限定于 9,且 9×9 格中含有 9 个九宫格,再加上行、列、宫的数字必须遍历 1~n 的规则,则拉丁方就是数独.

因此,我们说:所有的数独都是 9 阶拉丁方.反之,拉丁方不一定是数独,但是有的 9 阶拉丁方是数独.

数独这个名字有点奇怪,看看它的历史就会释然.

1979 年,美国建筑师霍华德·加恩斯(Howard Garns)受拉丁方的启发,在杂志上宣称他发明了一种名为"填数字"的游戏.1984 年,一位日本学者将该游戏介绍到日本,起名为"sudoku",其中"su"是数字的意思,"doku"是单一的意思.翻译成中文用了谐音,为"数独",可理解为"单纯独特的填数字游戏".

有人说,"数独是一种从 9 岁到 99 岁的人都无法抗拒的数字游戏".数独中的"数",其实是指 1,2,3,4,5,6,7,8,9.玩数独游戏不需要掌握除加法以外的数学知识,只需要观察力、分析力、专注力和持久力.因此可以有效地培养逻辑思维能力,锻炼大脑的反应能力,同时在思考的过程中享受成功的愉悦,从而深受孩子及家长们的欢迎,也受喜欢动脑筋的成年人青睐.

图 29.1 是一道数独题.它的空格较少,属于比较简单的题目.图 29.2 是它的答案.

	8	6		3	9	4		1
7	4	1			6	2		
3	2			7		8	6	5
6				4	1			7
		3	7	5		6	4	8
2	7		8			3		1
8	3	2		1		9	5	6
		7		9	5	1		2
1		5	6	2		7	3	

图 29.1

5	8	6	2	3	9	4	7	1
7	4	1	5	8	6	2	9	3
3	2	9	1	7	4	8	6	5
6	5	8	9	4	1	3	2	7
9	1	3	7	5	2	6	4	8
2	7	4	8	6	3	5	1	9
8	3	2	4	1	7	9	5	6
4	6	7	3	9	5	1	8	2
1	9	5	6	2	8	7	3	4

图 29.2

以下简述幻方、拉丁方和数独的区别(图 29.3).

幻方:在 $n \times n$ 格的正方形中,每一小方格内放 $1,2,3,\cdots,n^2$ 中的一个数,使横、竖、斜线上的 n 个数之和都相等. 要求:行、列、对角线上的数字和相等.

拉丁方:在 $n \times n$ 格的正方形中,填入 $1,2,3,\cdots,n$ 这 n 个数,使得每行和每列都有数字 $1,2,3,\cdots,n$ 出现. 要求:行、列上的数字遍历 $1 \sim n$.

数独:数独有 9 个宫,每一宫又分为 9 个小格. 在这 81 格中事先填入某些数字. 要求:填入数字 $1 \sim 9$ 后,每一行、每一列和每一宫内数字 $1 \sim 9$ 都只出现一次.

数独的游戏规则是如此简单,只涉及数字 $1 \sim 9$. 然而,不要以为这个游戏总是轻而易举的. 图 29.3 中的数独题就增加了难度,你不妨一试. 图 29.4 是其答案.

			5	7	4			2
6		7			1			5
3		5	4	6				
		2			4		1	3
4			5	8	3			9
	3		9	1				
				9	8		5	
5			2	3	6			1
1	6		7			3		

图 29.3

9	8	1	3	5	7	4	6	2
6	4	7	8	2	9	1	3	5
3	2	5	4	6	1	9	8	7
8	5	2	6	7	4	8	1	3
4	1	6	5	8	3	2	7	9
7	3	8	9	1	2	5	4	6
2	7	3	1	9	8	6	5	4
5	9	4	2	3	6	7	9	1
1	6	9	7	4	5	3	2	8

图 29.4

如同其他游戏一样,数独也可以变着花样玩,以增加难度,增添趣味性.

江苏卫视《最强大脑》节目的益智类比赛项目中,有一项就是数独比赛.脑洞大开、花样百出的数独,比如翻滚数独、异形数独、盲填数独、立体数独,令人瞠目结舌,惊叹不已.

很多成绩优秀的人都是数独爱好者.

例如,2017年重庆文科状元刘之铭的高考数学成绩为149分,她说:"我从未在外面补过课."她还说:"小时候爸妈给我买了一些逻辑思维方面的书,再大一些的时候有了逻辑思维的基础,就开始玩爸爸教的数独游戏."在益智游戏的熏陶下,通过对数独规律的分析、判断,让她的逻辑思维得到了极大的提升,这也在她的数学成绩上体现了出来.

又如,在第十一届世界数独世锦赛(2017年斯洛伐克的塞内茨市)上,中国选手包揽了18岁以下年龄组前五名.年仅12岁的小选手胡宇轩获得最佳新人奖,3年后他被北京大学数学学院录取.据悉,他从6岁就开始玩数独.18岁的选手邱言哲是清华大学数学系一年级的学生,他在小学3年级时一节实践课上与数独不期而遇,从此一发不可收拾.

数独游戏居然还成了小学升初中的试题:有小朋友来家里做客,请你分一分餐具,将筷子、碗、勺子放在空白处,使得每行、每列的餐具都不重复.如图29.5所示.

我们把筷子、碗、勺子分别记为1,2,3,则试题的答案就如图29.6所示.

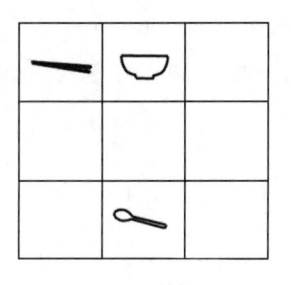

图 29.5　　　　　　　　　　图 29.6

现在,数独已成为风靡全球的热门游戏,打开网络,介绍数独的文章非常多.免费的在线数独比比皆是,学习和训练都十分方便.图29.7和图29.8就是网络上展示的数独题目.

数独是一种老少咸宜的益智游戏.它之所以如此受欢迎,一个很重要的原因是它不需要运用任何数学知识,仅需要逻辑思维能力,比起用扑克牌"算24点"的游戏,数独比它要难,但却更有魅力.方阵在手,变化万千.在挑战中赢得胜利;在思索中换来圆满;在山穷水尽、柳暗花明的情景变换中,身心健康得到陶冶.

数苑漫步

		3	8					2
1					4		3	
		7			9		5	8
			2	7		6	4	
6				8			9	
8	1				3			
	3			2	6	1	9	
		6	5			7		
	4		3	9		2		

1		2		9	7			
9			5	6	8			
6	7		4					
5	9			7			4	
		6	9	4		5		
	5			8				6
8	1							2
	9			1	4			
3			9				1	8

图 29.7   图 29.8

以上我们介绍了九宫格、幻方、拉丁方和数独,这些都属于组合数学的研究范围.组合数学源于数学游戏和竞赛,它研究的是离散数学对象的结构和关系,包括排列、选取和配置规律等,现已成为现代数学的一门基础学科.过去,它的内容长期分散在代数、概率论、数论、拓扑学和运筹学等学科中,直到 20 世纪 50 年代,由于计算机科学的迅速发展和其他学科技术的需要,才促使组合数学从各种学科中逐渐分离出来.在一次国际数学会议上,德国数学家费歇尔(E. Fischer,1875—1959)做了一个"组合分析"的报告.1958 年,如下两本书丰富了组合数学,一本是《组合分析引论》,一本是法国数学家贝尔热(Claude Berge,1926—2002)的《无限图理论及其应用》.1994 年,我国也出版了沙基昌、沙基清编著的《组合数学》一书.这门年轻的数学分支正方兴未艾,迅速发展.

第 30 节 　谜一样的角谷猜想

有些数学问题,大家都能听懂,也都能试着解答,但却很难证明.这样的问题会吸引很多喜欢思考的人,让他们领略到数学的无穷乐趣,其中一个例子就是角谷猜想.

角谷猜想也被称为"冰雹猜想",因为在运算过程中,得到的数忽大忽小,最终都归于同一个数 1,就像冰雹的形成过程一样.

角谷猜想还被称为库拉兹问题.在 1928—1933 年期间,德国汉堡大学教授库拉兹最先提出并考虑这个问题,直到 1952 年才逐渐传播出去并风靡全球.一位名叫角谷的日本数学家把它带到了亚洲,所以人们将错就错地将其称为角谷猜想.

那么什么是角谷猜想呢? 任意给定一个自然数 n,当它是偶数时就除以 2

（记为 T_1），当它是奇数时就乘以 3 再加 1（记为 T_2），如此演算下去，最后必然得到 1.

例如，取 $n=7$，则

$$7 \xrightarrow{T_2} 22 \xrightarrow{T_1} 11 \xrightarrow{T_2} 34 \xrightarrow{T_1} 17 \xrightarrow{T_2} 52 \xrightarrow{T_1} 26 \xrightarrow{T_1} 13 \xrightarrow{T_2} 40 \xrightarrow{T_1} 20 \xrightarrow{T_1}$$

$$10 \xrightarrow{T_1} 5 \xrightarrow{T_2} 16 \xrightarrow{T_1} 8 \xrightarrow{T_1} 4 \xrightarrow{T_1} 2 \xrightarrow{T_1} 1.$$

你看，经过 16 个"回合"，就得到了"1".

施行 T_1 或 T_2 运算的次数叫作"路径长度". 路径长度并不因数字的大小而变长或变短. 我们再取一个较大的数 $n=65\ 536$，则

$$65\ 536 \xrightarrow{T_1} 32\ 768 \xrightarrow{T_1} 16\ 384 \xrightarrow{T_1} 8\ 192 \xrightarrow{T_1} 4\ 096 \xrightarrow{T_1} 2\ 048 \xrightarrow{T_1}$$

$$1\ 024 \xrightarrow{T_1} 512 \xrightarrow{T_1} 256 \xrightarrow{T_1} 128 \xrightarrow{T_1} 64 \xrightarrow{T_1} 32 \xrightarrow{T_1} 16 \xrightarrow{T_1} 8 \xrightarrow{T_1} 4 \xrightarrow{T_1}$$

$$2 \xrightarrow{T_1} 1.$$

它的路径长度很短，只有 16 个.

为什么一个很大的数字会很快"跌落"到 1 呢？善于观察的读者会发现：$n=65\ 536=2^{16}$，所以施行 16 次 T_1 运算就跌落成 1.

数字再大一些会怎么样呢？日本有一位学者米田信夫对 7 000 亿以内的数进行验算，结果无一例外均回归到 1.

奇特的规律，其奥秘何在？为揭开这个谜底，有人对角谷猜想给出了形象的几何模型，试图从图的角度对这个问题加以探索.

我们把猜想中的自然数称为库拉兹数，把所有的库拉兹数的因果关系用箭头连起来，就构成了一棵硕大无比的树，树根就是数 1，而 $4 \to 2 \to 1$ 就是树的主干. 这棵树的局部图示如图 30.1 所示.

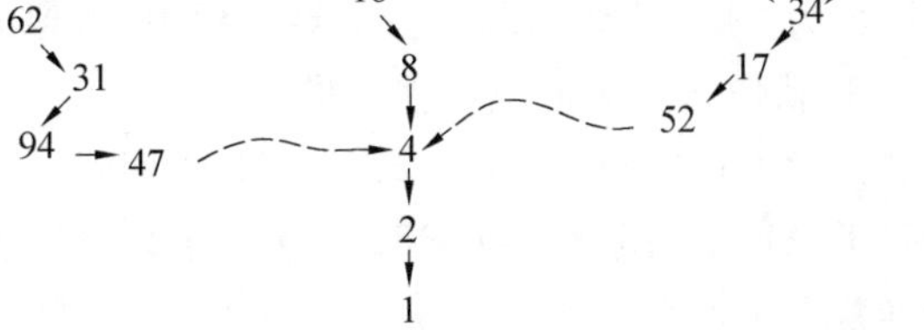

图 30.1

112

这是一棵枝叶繁茂的参天大树. 如果能证明这棵树覆盖一切自然数, 或者证明这棵树是"向根"的树(不会有圈或指向无穷的分支), 那么就从实质上证明了角谷猜想. 然而, 证明这些又谈何容易!

1990 年, 我国安徽的一位数学教师张承宇对角谷猜想做了一个大胆的推广. 他猜想: 任意给定一个自然数 n, 设 $p_1 = 2, p_2 = 3, \cdots, p_s$ 为连续的 s 个素数, 按如下规则对 n 进行运算:

(1)若 $p_1 = 2, p_2 = 3, \cdots, p_s$ 中至少有一个能整除 n, 则用它去除 n(将这一运算记为 T_1).

(2)若 $p_1 = 2, p_2 = 3, \cdots, p_s$ 中全都不能整除 n, 则用第 $s+1$ 个素数 p_{s+1} 乘以 n 再加 1(将这一运算记为 T_2).

那么, 反复对 n 及其结果施行上述 T_1, T_2 运算, 最后必然得到 1.

设 n 是任意正整数, $p(1) = 2, p(2) = 3, p(3) = 5, p(4) = 7, \cdots$ 为连续的素数数列, s 为给定的自然数, M 为任意自然数.

(1)若 $p(1), p(2), \cdots, p(s)$ 中至少有一个数能整除 M, 则用它去除 M.

(2)否则, 用 $p(s+1)$ 乘 M 再加 1.

则经过有限次运算后, 最后的结果必形成有限个循环: $\psi(1), \psi(2), \cdots, \psi(m)$, 且 $\psi(1) = \{1\}$.

举例说明如下:

任给一个自然数 11, 设 $p_1 = 2, p_2 = 3, p_3 = 5$ 是 3 个连续的素数, 第 4 个素数是 $p_4 = 7$.

显然, $p_1 = 2, p_2 = 3, p_3 = 5$ 全都不能整除 11, 所以对 11 施行 T_2 运算: $11 \times 7 + 1 = 78$.

$p_1 = 2$ 能整除 78, 所以对 78 施行 T_1 运算: $78 \div 2 = 39$.

$p_2 = 3$ 能整除 39, 所以对 39 施行 T_1 运算: $39 \div 3 = 13$.

$p_1 = 2, p_2 = 3, p_3 = 5$ 全都不能整除 13, 所以对 13 施行 T_2 运算: $13 \times 7 + 1 = 92$.

......

这样下去可写成如下形式

$$11 \xrightarrow{T_2} 78 \xrightarrow{T_1} 39 \xrightarrow{T_1} 13 \xrightarrow{T_2} 92 \xrightarrow{T_1} 46 \xrightarrow{T_1} 23 \xrightarrow{T_2} 162 \xrightarrow{T_1} 81 \xrightarrow{T_1}$$

$$27 \xrightarrow{T_1} 9 \xrightarrow{T_1} 3 \xrightarrow{T_1} 1$$

张承宇老师题为《角谷猜想的推广》的文章刊载于我国权威刊物《自然杂志》1990 年第 5 期上. 该杂志还特别发表了"编者按":

"《角谷猜想的推广》虽出自一位业余数学爱好者之手,但猜想有据,推断有理,显示出一定的数学功底.本刊予以刊载.若有朝一日谁能沿着该文的思路一举解决了角谷猜想,千万不要忘了这位在艰苦条件勤奋自学的业余爱好者啊!"

《自然杂志》编者的拳拳之心,跃然纸上.

推广一个尚未解决的数学问题或猜想有意义吗?岂不是"雪上加霜",把问题搞得难上加难吗?不,有时恰恰相反.让我们援引法国著名数学家希尔伯特一段十分深刻的论述吧:

"在解决一个问题时,如果我们没有获得成功,原因常常在于我们没有认识到更一般的观点,即眼下要解决的问题不过是一连串有关问题中的一个环节.采取这样的观点,不仅我们所研究的问题能容易得到解决,同时还会获得一种能用于相关问题的普遍方法."

张承宇老师对角谷猜想的推广,正是给出了希尔伯特所说的一连串问题,而角谷猜想只是其中的一个特例(设 $p_1=2, s=1$).按照这一推广,这类问题不仅与两个素数 2 和 3 有关,还同整个素数数列 $\{2,3,5,7,11,13,17,19,23,29,\cdots\}$ 有关,从而更深刻地揭示了这类问题的规律性.

角谷猜想的问世,是对数学家的一大挑战.尽管要解决它似乎还遥遥无期.但是我们深信,这个难题就像历史上的一些著名难题一样,总有一天我们会赢得胜利.

第 31 节　益智又好玩的七巧板

中国古代有四大智力玩具,分别是七巧板、九连环、华容道和孔明锁.由于七巧板与图形的划分有关,相对而言与数学联系得更紧,因此本书在这里加以介绍.

七巧板是中国民间流传的智力玩具,其文化可以追溯到 4 000 多年前的"规"和"矩".1829 年,刻印的《七巧图合璧》中有一种说法是"七巧源于勾股法".七巧板产生的直接原因是古代的组合家具图案.宋代进士黄伯思(字长睿,

1079—1118)著有《燕几图》,燕几即宴几,由六张桌子组成,宴请客人时"视夫宾朋多寡,杯盘丰约",既方便又平添情趣.

到了明朝万历年间,画家戈汕著有《蝶几图》一书,该书与《燕几图》一脉相承,构思更新颖,变化更多样,形式也更丰富多彩.

《燕几图》与《蝶几图》可谓家具史中的姊妹篇,对后世影响极大.现代的七巧板就是在它们的基础上发展而来的.

18 世纪,七巧板流传到了国外.外国人叫它"唐图".法国的拿破仑在流放生活中也曾用七巧板作为消遣游戏.英国学者李约瑟(Joseph Needham,1900—1995)说它是"东方最古老的消遣品"之一.英国剑桥大学的图书馆里至今还珍藏着一部《七巧新谱》.

七巧板由七块板组成,其中包括两块大型的等腰直角三角形(标为①②),一块中型的等腰直角三角形(标为③),两块小型的等腰直角三角形(标为④⑤),一块正方形(标为⑥)和一块平行四边形(标为⑦).这七块拼在一起,可以组成一个正方形(图 31.1),也可以组成两个正方形(图 31.2).

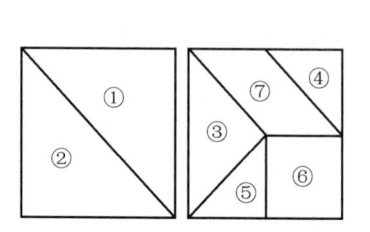

图 31.1   图 31.2

七巧板,又被称为"智慧板",可以拼成许多图形(1 600 种以上).例如,三角形、平行四边形、不规则多边形等.此外,玩家还可以将七巧板拼成各种人物、动物、建筑物等,甚至可以拼出数字或字母.

例如,图 31.3 是由七巧板拼成的阿拉伯数字 1,2,3,图 31.4 是小鸭,图 31.5 是金鱼.七巧板拼成的图案虽笨拙,但可爱,是一种稚拙美.

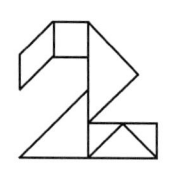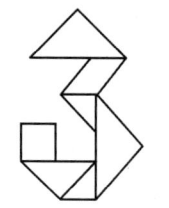

图 31.3

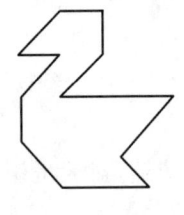
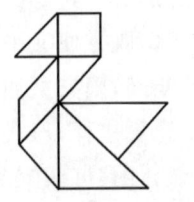

图 31.4

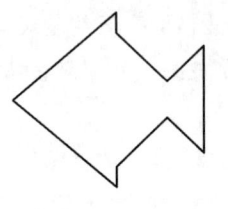
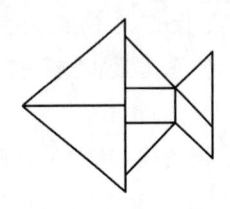

图 31.5

又如,第 35 届国际数学奥林匹克竞赛(IMO)于 1994 年 7 月在中国香港举行,来自 69 个国家和地区的 315 名中学生参加了竞赛.这次大会的会标是一艘由七巧板拼成的帆船,如图 31.6 所示.七巧板图案被赋予了深邃而鲜明的意义.

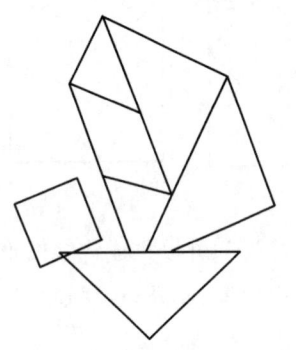

图 31.6

七巧板取材简单,制作方便,但却有着万千变化,富有挑战性.尤其是,它可以帮助小朋友辨认颜色,引导他们领悟图形的分割与合成,从而增强智力、耐力和观察力,启发思维.

作为益智游戏的七巧板,其中有很多数学原理.

如果在一个图形中任取两点,这两点连线上所有的点都在这个图形中,那么这个图形称为凸图形.由七巧板拼成的凸图形,称为凸形七巧图.20 世纪 30 年代,日本数学家提出了一个引人注目的问题:只用一副七巧板,能拼出多少个不同的七巧图? 也就是说,凸形七巧图一共有多少个?

116

1942 年,我国浙江大学王福春、熊全治做出了圆满的解答,发表在《美国数学月刊》上,文章标题为"关于七巧板的一个定理".答案是:一副七巧板拼出的凸形七巧图最多不超过 13 个.他们的文章使七巧板这个流传于民间的奇异图形登上了科学的大雅之堂.

著名的数学教育家许莼舫(1906—1965)先生在他的《中国几何故事》一书中也提到了这个问题.

1990 年,曹希斌,钱颂光在《自然杂志》上发表了《关于七巧板的数学问题》一文,文中对"凸形七巧图最多不超过 13 个"做了详细的介绍.

但我们在此只做简要说明.

证明的大体思路如下:

七巧板中七块板的大小形状是不一致的,直接探讨拼图的凸性比较困难.于是,先将七巧板划分成 16 个小的等腰直角三角形,称它们为基三角形,并称基三角形的两个直角边为有理边,斜边为无理边,如图 31.7 所示.

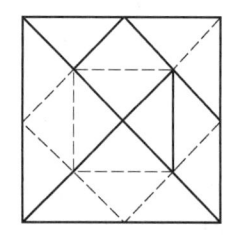

有理边　　　有理边

无理边

图 31.7

现在我们来研究这 16 个基三角形可以拼成多少个凸多边形.显然,这些凸多边形中包含了所有的凸形七巧图.因此,只需通过逐一考察这些凸多边形,除去那些非七巧板所能拼出的凸多边形即可.经过对不定方程的细致讨论,最后确定了凸形七巧图有且仅有 13 个.这 13 个凸形七巧图如图 31.8 所示.

《关于七巧板的数学问题》一文,还对"格点七巧图"(格点是直角坐标平面上坐标均为整数的点)做了深入的研究.并在文章结尾感慨道:"七巧板不仅是一种智力游戏玩具,而且由它还可以产生许多难度较大的数学问题."

不仅如此,更重要的是,七巧板还有许多实际应用.1993 年 2 月,东北工学院出版社出版了《七巧板的科学:证券最优组合》一书,作者之一的戴玉林后任大连市副市长,主管科技 IT 和金融.1994 年 6 月,湖南少年儿童出版社出版了《七巧板启示录:系统工程》(张启人、彭继泽、余一等人合编)一书,详细介绍了七巧板原理在系统工程学方面的应用.

诞生于 1984 年初的《七巧板》节目,是中央广播电视总台推出的一档教育

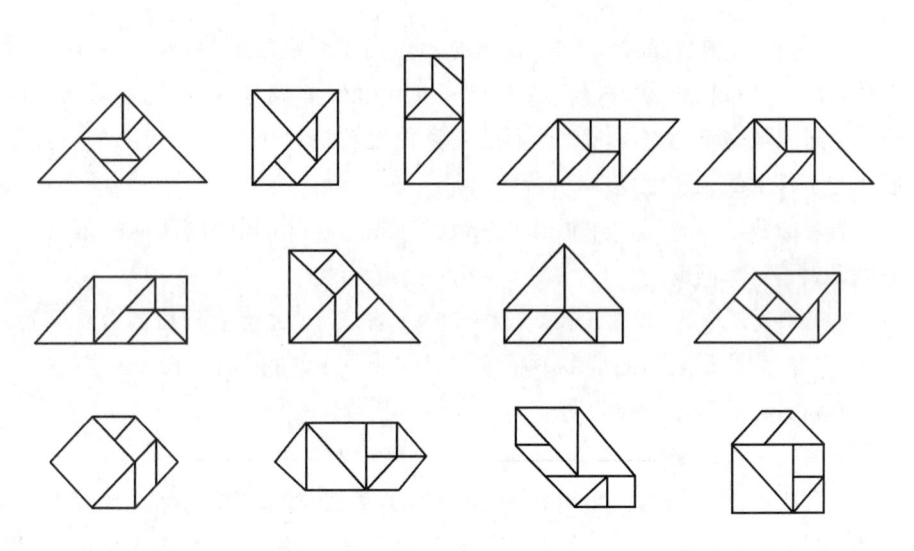

图 31.8

节目,专门服务于学龄前儿童.这个节目通过七巧板游戏,以亲子互动、音乐舞蹈、故事戏剧、科学育儿等板块展开,带给小朋友们开心快乐的童年和温馨美好的亲子时光.

以上介绍的均是"蝶式七巧板",也称传统七巧板,它在中国民间和世界各国流传最广.

还有一种七巧板,如图 31.9 所示,它是一种矩形七巧板,长与宽之比为5:4.由于它的划分图案像一只燕子,所以我们称其为"燕式七巧板".这种七巧板也能拼成各种有趣的图案.如图 31.10 所示,分别是一匹奔马和一棵大树.

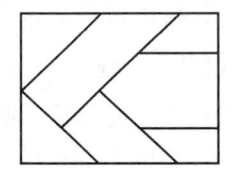

图 31.9

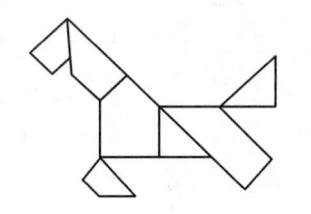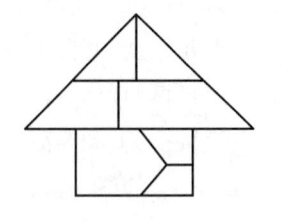

图 31.10

118

除了七巧板,各种各样的"N巧板"林林总总.市面上有三巧板、四巧板、五巧板、六巧板、八巧板、十二巧板、二十三巧板等,各有千秋.

值得推荐的是,2009年6月,上海教育出版社出版了《现代智力七巧板》一书,作者是楼珠球老师.现代智力七巧板由七块不规则板构成,包括圆、半圆、梯形、三角形、大板和中心板,如图31.11所示.

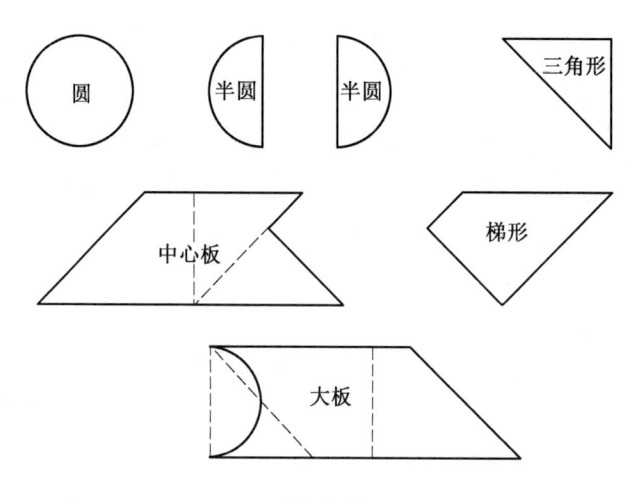

图 31.11

由于现代智力七巧板创造性地引入了"大板"和"中心板"作为基本模板,而大板和中心板本身就是一个组合图形,同时,现代智力七巧板还引入了圆和半圆图案,这就为拼接各种图形提供了极大的空间.

图31.12～图31.14分别是用现代智力七巧板拼成的骆驼、小鹿和运动员踢球.

图 31.12   图 31.13   图 31.14

自2009年诞生以来,现代智力七巧板因其多变性、探索性和创造性,受到了广大青少年的普遍喜爱.同时,它也赢得众多科学家和教育家的广泛赞誉.

七巧板(包含现代智力七巧板)为促进青少年智力的发展,丰富平民百姓的课余生活,发挥了非常大的作用.

第 32 节　猴子分栗子的趣题

1979 年春,美籍华裔物理学家、诺贝尔物理学奖获得者李政道(1926—　)博士在访问中国科技大学时,向少年班的大学生提出了如下问题,据说没有一个同学能够当场回答出这个问题:

"海滩上有一堆栗子,这是五只猴子的财产,它们想要平均分配这些栗子. 第一只猴子来了,它左等右等别的猴子都不来,便把栗子分成五堆,每堆一样多,还剩下一个. 它把剩下的一个顺手扔进海里,自己拿走五堆中的一堆. 第二只猴子来了,它又把栗子分成五堆,又多了一个,它又扔掉一个,自己拿走一堆. 以后每只猴子来时都遇到了类似情形,也都按照同样的方式处理. 问:原来至少有多少个栗子? 最后至少剩下多少个栗子?"

这个问题既有趣味性,又有一定的难度. 它有多种解法,下面将介绍三种解法.

第一种是列方程的方法. 设该堆原有栗子 x 个,最后剩下栗子 y 个,再列一个表(表 32.1),反映五只猴子依次拿走自己的一份后剩下的栗子数.

表 32.1

第几只猴子	拿走自己的一份剩下的栗子数
1	$\frac{4}{5}(x-1)$
2	$\frac{4}{5}\left[\frac{4}{5}(x-1)-1\right]$
3	$\frac{4}{5}\left\{\frac{4}{5}\left[\frac{4}{5}(x-1)-1\right]-1\right\}$
4	$\frac{4}{5}\left\{\frac{4}{5}\left\{\frac{4}{5}\left[\frac{4}{5}(x-1)-1\right]-1\right\}-1\right\}$
5	$\frac{4}{5}\left\{\frac{4}{5}\left\{\frac{4}{5}\left\{\frac{4}{5}\left[\frac{4}{5}(x-1)-1\right]-1\right\}-1\right\}-1\right\}$

由此得到方程

$$y=\frac{4}{5}\left\{\frac{4}{5}\left\{\frac{4}{5}\left\{\frac{4}{5}\left[\frac{4}{5}(x-1)-1\right]-1\right\}-1\right\}-1\right\}$$

此方程怎样解呢? 将右边的括号去掉,有

$$y=\left(\frac{4}{5}\right)^5 x-\frac{4}{5}\left[\left(\frac{4}{5}\right)^4+\left(\frac{4}{5}\right)^3+\left(\frac{4}{5}\right)^2+\frac{4}{5}+1\right]$$

$$\Rightarrow y=\left(\frac{4}{5}\right)^{5}x-4\left[1-\left(\frac{4}{5}\right)^{5}\right]$$

即 $y=\left(\frac{4}{5}\right)^{5}(x+4)-4$.

因为方程左边的 y 为正整数,所以方程右边也为正整数,而满足这一要求的最小正整数 $x+4$ 必为 5^{5},所以 $x+4=5^{5}$,此时 $y=4^{5}-4$,从而得到答案

$$\begin{cases} x=5^{5}-4=3\ 121 \\ y=4^{5}-4=1\ 020 \end{cases}$$

此种解法的关键是变形中保留 $\frac{4}{5}$ 的幂的形式. 否则,若把这一形式破坏了,就不能一眼看出最小正整数解了.

第二种解法是列方程组的方法. 设原有栗子 n 个,五只猴子拿走的栗子数依次为 n_{1},n_{2},n_{3},n_{4},n_{5} 个,列方程组

$$\begin{cases} n=5n_{1}+1 & \text{(扔掉 1 个,分成 5 组,拿走一组)} \\ 4n_{1}=5n_{2}+1 & \text{(剩下 4 组;扔掉 1 个,分成 5 组,拿走一组)} \\ 4n_{2}=5n_{3}+1 & \text{(同上操作)} \\ 4n_{3}=5n_{4}+1 & \text{(同上操作)} \\ 4n_{4}=5n_{5}+1 & \text{(同上操作)} \end{cases}$$

由方程组的后四个方程,得

$$\begin{cases} n_{1}+1=\frac{5}{4}(n_{2}+1) & \text{①} \\ n_{2}+1=\frac{5}{4}(n_{3}+1) & \text{②} \\ n_{3}+1=\frac{5}{4}(n_{4}+1) & \text{③} \\ n_{4}+1=\frac{5}{4}(n_{5}+1) & \text{④} \end{cases}$$

将④代入③,得

$$n_{3}+1=\left(\frac{5}{4}\right)^{2}(n_{5}+1)$$

再代入到②,得

$$n_{2}+1=\left(\frac{5}{4}\right)^{3}(n_{5}+1)$$

再代入到①,得

$$n_{1}+1=\left(\frac{5}{4}\right)^{4}(n_{5}+1)$$

121

所以

$$n_1 = \left(\frac{5}{4}\right)^4 (n_5 + 1) - 1$$

于是,有

$$n = 5n_1 + 1 = 5\left[\left(\frac{5}{4}\right)^4 (n_5 + 1) - 1\right] + 1 = 5 \cdot \left(\frac{5}{4}\right)^4 (n_5 + 1) - 4$$

这个方程的最小正整数解是 $n_5 = 4^4 - 1 = 255$,所以

$$n = 5 \cdot \left(\frac{5}{4}\right)^4 \cdot 4^4 - 4 = 5^5 - 4 = 3\ 121$$

从而可知,原有的栗子数至少为 3 121 个.

因此,第一只猴子拿走 $n_1 = \dfrac{n-1}{5} = \dfrac{3\ 121 - 1}{5} = 624$ 个.

第二只猴子拿走 $n_2 = \dfrac{4n_1 - 1}{5} = \dfrac{4 \times 624 - 1}{5} = 499$ 个.

第三只猴子拿走 $n_3 = \dfrac{4n_2 - 1}{5} = \dfrac{4 \times 499 - 1}{5} = 399$ 个.

第四只猴子拿走 $n_4 = \dfrac{4n_3 - 1}{5} = \dfrac{4 \times 399 - 1}{5} = 319$ 个.

第五只猴子拿走 $n_5 = \dfrac{4n_4 - 1}{5} = \dfrac{4 \times 319 - 1}{5} = 255$ 个.

所以五只猴子共计拿走和扔掉栗子的个数为

$$624 + 499 + 399 + 319 + 255 + 5 = 2\ 101$$

所以剩下的栗子数为 3 121－2 101＝1 020 个.

解法二的关键在于巧妙地运用消去法得到 n 与 n_5 的关系式,再根据最小正整数解这一要求,找到答案.

还有一个方法叫作函数迭代法.虽然中学生并不熟悉这个方法,但也能看懂其中的诀窍.

函数概念是大家熟知的.那什么叫函数的迭代呢?简单来说,函数经迭代后是一种特殊的复合函数,不过每次复合所用的都是同一个函数关系 f.举例来说,设函数 $y = f(x) = \dfrac{4}{5}(x-1)$,我们把 $f_1(x) = f(x) = \dfrac{4}{5}(x-1)$ 叫作一次迭代,把 $f_2(x) = f(f_1(x))$ 叫作二次迭代,$f_3(x) = f(f_2(x))$ 叫作三次迭代,……,$f_n(x) = f(f_{n-1}(x))$ 叫作 n 次迭代.像这样经过 n 次迭代(复合)的函数,称为 n 次迭代式.

设原有的栗子数为 x,最后剩下的栗子数为 y,则

$$y = f_5(x) = f\{f\{f\{f[f(x)]\}\}\} = \frac{4}{5}\left\{\frac{4}{5}\left\{\frac{4}{5}\left[\frac{4}{5}(x-1)-1\right]-1\right\}-1\right\}$$

这岂不是又回到了解法一吗？不！下面我们采用求函数迭代式的一种简便方法——递归法，即把求函数迭代式的问题转化为求解递推数列的通项公式的问题，只要我们能够求得递推数列的通项公式，那么相应的函数迭代式就能得到.（理论证明这里从略）

设 $a_0 = x, a_n = f_n(x) = f[f_{n-1}(x)], n = 1, 2, 3, \cdots$，其中 $f(x) = \frac{4}{5}(x-1)$，则

$$y = a_n = f(a_{n-1}) = \frac{4}{5}(a_{n-1}-1)$$

所以

$$a_n = \frac{4}{5}(a_{n-1}-1)$$

则

$$a_n + 4 = \frac{4}{5}(a_{n-1}+4)$$

这说明数列 $\{a_n+4\}$ 是一个首项为 a_0+4，公比为 $\frac{4}{5}$ 的等比数列，所以

$$a_n + 4 = (a_0+4)\left(\frac{4}{5}\right)^n$$

则

$$a_n = (a_0+4)\left(\frac{4}{5}\right)^n - 4$$

即

$$y = (x+4)\left(\frac{4}{5}\right)^n - 4$$

因此，若题中的猴子数为 n，则有

$$\begin{cases} x = 5^n - 4 \\ y = 4^n - 4 \end{cases}$$

也就是说，海滩上有 x 个栗子，有 n 只猴子按原题方式拿走栗子，最后剩下的栗子数为 y，则 $x = 5^n - 4, y = 4^n - 4$.

这不仅解决了李政道博士的问题，还把该问题推广到了一般情形.

以上三种解法，各有千秋. 仔细玩味，肯定会受益良多. 不过，以上都不是最简单的解法. 下面介绍李政道博士的解法，可谓返璞归真，不禁令人拍案叫好！

设开始有 x 个栗子,我们把 x 写成 $(x+4)-4$.

第 1 只猴子来了,扔掉 1 个,还有栗子 $(x+4)-5$ 个.均分成 5 份拿走一份,剩下的栗子数为 $\frac{4}{5}[(x+4)-5]=\frac{4}{5}(x+4)-4$.

第 2 只猴子来了,扔掉 1 个,还有栗子 $\frac{4}{5}(x+4)-5$ 个.均分成 5 份拿走一份,剩下的栗子数为 $\frac{4}{5}\{\frac{4}{5}(x+4)-5\}=\left(\frac{4}{5}\right)^2(x+4)-4$.

第 3 只猴子来了,一扔一拿,剩下的栗子数为 $\left(\frac{4}{5}\right)^3(x+4)-4$.

第 4 只猴子来了,一扔一拿,剩下的栗子数为 $\left(\frac{4}{5}\right)^4(x+4)-4$.

第 5 只猴子来了,一扔一拿,剩下的栗子数为 $\left(\frac{4}{5}\right)^5(x+4)-4$.

因为栗子数必为整数,所以 $x+4$ 必是 5^5,即 $x+4=5^5$,所以 $x=5^5-4=3\,121$.

算术方法是最质朴、最初等的方法,也是最直接、最有效的方法.这是一个生动的实例.

第 33 节　田忌赛马中的数学

在我国战国时期,有一位著名的军事家叫孙膑,他是齐国大将田忌帐下的一名幕僚,专门为田忌出主意.

有一天,齐王与田忌赛马,规定两人各挑一匹上等马、中等马和下等马参赛,输一匹马就罚千金.

孙膑分析了双方马匹的状况:田忌的上等马不如齐王的上等马,但胜过对方的中等马和下等马.田忌的中等马虽不敌齐王的上等马和中等马,却能胜过他的下等马,田忌的下等马则不如齐王的任何一匹马.于是,孙膑建议田忌:用下等马对齐王的上等马,用上等马对齐王的中等马,用中等马对齐王的下等马.田忌采纳了孙膑的办法,比赛结果果然是一负两胜,净赢了千金.

这个例子说明,在已有条件下,经过精心的筹划和安排,就能取得最好的结果.在数学上,运用数学方法,把所要研究的问题做出综合性的统筹安排或对策,从而最经济地使用人力、物力,并且最优地收到总体效果,这样的学科叫运筹学.

运筹学包括哪些内容呢?

运筹学作为一种应用数学,就其应用的范围或对象不同,包括对策论、规划论和排队论等多个分支.

对策论专门研究自己如何战胜对方的策略.田忌赛马取胜的例子,就是典型的对策论问题.作为运筹学的分支,对策论的发展只有百余年的历史.系统地创建这门学科的,就是美籍匈牙利数学家冯·诺伊曼(John von Neumann,1903—1957).

冯·诺伊曼是 20 世纪最杰出的数学家之一.他从小天资过人,记忆力极强.据说,他六岁就能心算七位数的除法,十多岁时就已初步掌握了微积分.中学毕业时,他与人合作写了第一篇数学论文,不久就被认为是一名数学家了.

1937 年,第二次世界大战正式爆发,在世界范围内,不仅军事上、经济上、政治上的对立与斗争错综复杂,而且还对社会生活各方面提出了许多需要寻求对策的课题.这时,冯·诺伊曼在自己原有研究成果的基础上,进一步开展了对策论的研究.1941 年,他与摩根斯坦恩(O. Morgenstern,1902—1977)合著的《博弈论与经济行为》一书出版了,成为数理经济学的经典著作.

在第二次世界大战中,同盟国的空军和海军就曾经运用对策论的理论,解决了对敌方潜艇活动,舰队运输和兵力调配的侦察问题,从而取得了胜利.

对策论也叫博弈论,它最先研究的是国际象棋中的对策问题.对策论发展到今天,已和机器人的人工模拟结合了起来.现在,国际上已经发明了一种下象棋的机器人.据说已达到了国际象棋大师的水平.

规划论研究的是计划管理工作中有关安排和估值的问题.在生产中常用的是线性规划.

什么是线性规划呢? 例如,某工厂生产甲、乙两种产品,每生产一吨产品的生产投入情况、经济价值,以及工厂现有条件如表 33.1 所示.问在这种情况下,应该如何安排生产甲、乙两种产品,才能得到最好的经济效益?

表 33.1

		甲产品/吨	乙产品/吨	现有条件
生产投入	煤	9 吨	4 吨	360 吨
	电	4 千瓦	5 千瓦	200 千瓦
	劳力	3 个	2 个	300 个
经济价值		7 万元	12 万元	

设生产产品甲,乙分别为 x,y 吨,则 x,y 必满足下列约束条件

$$\begin{cases} 9x+4y\leqslant360 \\ 4x+5y\leqslant200 \\ 3x+2y\leqslant300 \\ x\geqslant0,y\geqslant0 \end{cases}$$

在这样的条件下,要使经济效益(即目标函数)取得最大值.

在上述问题中,约束条件和目标函数均为一次关系即线性关系,因此叫作线性规划.

排队论是运筹学中另一个重要内容.

在日常生活和生产实际中,排队现象是普遍存在的.比如,水库用水量的调度、铁路车场的调度、电力分配等,都是排队论要讨论的问题.

排队论把所研究的问题形象地描述成顾客(比如用电户、等待装卸的货物)来到服务台要求接待.如果"服务台"正在接待其他"顾客",那么就得排队等候.另一方面,"服务台"也不是总是忙碌的,有时也有空闲.如何充分发挥服务台的作用,这也是排队论感兴趣的问题.

21 世纪被认为是一个信息时代.随着互联网更加广泛与深入的应用,以及 5G 移动通信网络的更新,我们面临着大数据的搜集、分析、储存和传输等一系列问题.在这方面,运筹学将发挥重要作用.

126

扩大视野

第 34 节　图形的分割与拼合

将一个平面图形划分成若干块,或者用若干种图形拼合成另外的图形,是数学中特别有趣的问题.

在划分图形的诸多问题中,正方分割被认为是最奇特、最吸引人的.

所谓正方分割,是指把正方形或矩形分割为若干个边长互不相同,并且边长为整数的小正方形.其中,若正方形可以这样分割,则称完美正方形.

1930 年,苏联著名数学家鲁金(Лузин,1883—1950)提出了猜想:不存在完美正方形.这一猜想引起了人们的注意.

1936 年,英国剑桥大学三一学院的四名学生布鲁克斯(Brooks)、史密斯(Smith)、斯通(Stone)和塔特(Tutte),同时对这个问题产生了兴趣,并志同道合地在一起讨论和研究.他们以此为发端,开始了各自漫长而成功的探索历程,如今他们都已成了蜚声数坛的组合数学专家和图论专家.

当时,他们把这一问题转化为等价的"电路问题",并称其为 Smith 图.他们通过将小正方形视为电阻,上下边分别并联起来,考虑等势点,边长大小视为电流大小,利用基尔霍夫电路定律和电路分解技巧来重构这一问题.斯通发现了一个可以正方分割的矩形,它的尺寸是 177×176(即长 177、宽 176),如图 34.1 所示.此外,人们当时已经知道矩形 33×32 可以作正方分割,如图 34.2 所示,所以共有两个正方分割的例子.

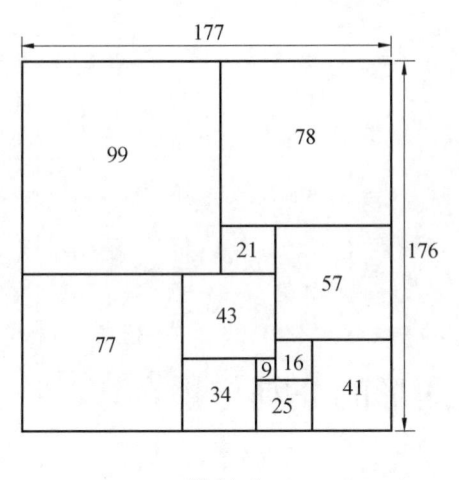
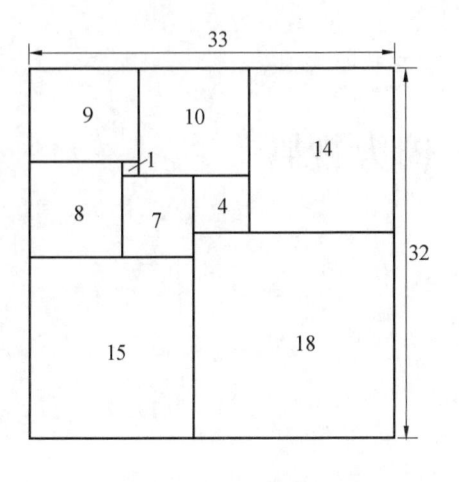

图 34.1 图 34.2

当时,这群小伙子先找到的是一个 69 阶(即有 69 个小正方形)的完美正方形. 这是一个复合完美正方形. 直到 1978 年更先进的计算机出现以后,达杰维斯丁(A. J. W. Duijvestijn)才找到第一个简单的完美正方形. 它是由一个边长为 112 的大正方形方割成 21 个小正方形. 方割图如下所示(图 34.3):

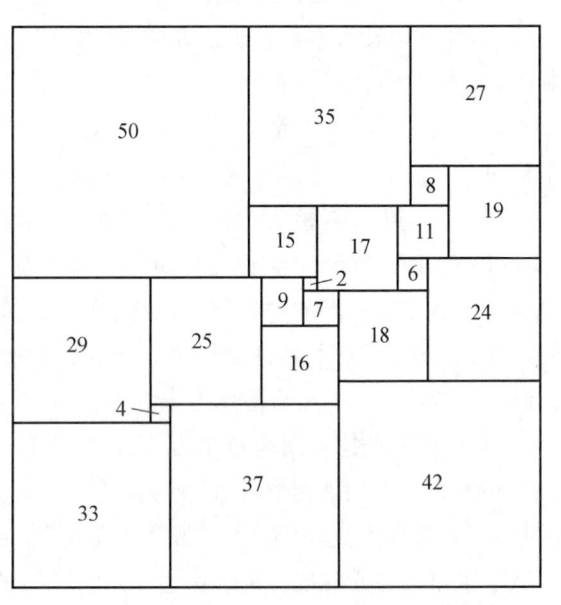

图 34.3

进一步地,达杰维斯丁用计算机验证了这是最小的简单完美正方形,同时也是 21 阶唯一的简单完美正方形. 后来,剑桥大学三一学院数学学会以这个最小的简单完美正方形当作他们的会徽,以此纪念最早研究正方形方割的几名会员. 而最小的复合完美正方形由威尔科克斯(T. H. Willcocks)于 1946 年发现, 它的阶数是 24. 但直到 1982 年, 达杰维斯丁, 费德里克(J. Federico)和莱鸟(P. Leeuw)才确证复合完美正方形的最小阶数是 24, 但是这样的方割并不唯一.

塔特等人则为寻找完美正方形而孜孜以求, 却一直无果而终. 他们甚至怀疑完美正方形是否真的存在.

正当这几位年轻人还沉湎于既找不到完美正方形, 又苦于无法证明其不存在而无法自拔时, 1939 年, 德国的斯普拉格(Sprague)获得成功的消息对这群年轻人来说是莫大的震动. 然而, 他们没有气馁, 而是奋起直追. 于是, 他们从正面入手, 不久就找到了一个由 39 个大小互不相等的正方形组成的完美正方形.

用以分割正方形的小正方形的个数叫作正方分割的阶. 如使正方分割的阶最小, 在相当长的一段时间内又成为人们研究的热点.

1939 年, 斯普拉格成功构造出一个 55 阶的完美正方形.

同年, 阶数更小的(28 阶)完美正方形由三一学院的那四名学生找到.

1962 年, 荷兰特温特技术大学的达杰维斯丁证明了: 不存 20 阶以下的完美正方形.

1967 年, 塔特的学生、滑铁卢大学的威尔逊(Wilson)博士成功地构造出 34 阶和 25 阶完美正方形.

人们发现, 同阶的完美正方形可以不止一个. 例如, 23 阶完美正方形有 12 个, 22 阶完美正方形有 8 个. 图 34.4 是其中的一个.

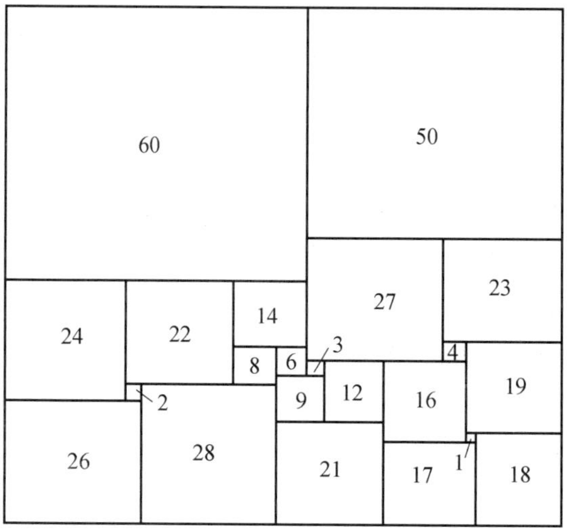

图 34.4

129

至此,完美正方形的讨论暂时画上了一个句号.但数学家的研究并没有因此而停止,他们又转入研究不同大小正方形填充整个平面的问题.此外,他们还将完美分割的问题推广到莫比乌斯带、圆柱面、环面和克莱茵瓶上,同样也取得了许多有趣的成果.

第 35 节　正三角形分成四块的拼合问题

把一个正三角形分成四块,能否拼成一个正方形?

回答是肯定的.历史上,这是英国趣题设计家与娱乐数学家杜德尼(Dudeney,1857—1930)于 1902 年发现的.他于 1905 年 5 月 17 日在英国皇家学会伯灵顿宫展示了这一难题.

杜德尼与同时期的美国趣题专家劳埃德(Loyd,1841—1911)齐名.

杜德尼设计的数学趣题涉猎代数、几何、逻辑等多个领域,尤以几何图形的分割而著名.其中,最为成功的是将一个正三角形分割成四块并拼成一个正方形.杜德尼一生共出版六本关于趣题的书籍(其中两本是其去世后由他人整理汇编的合集),而其中最负盛名的是《坎特伯雷趣题集》(1907)和《数学中的娱乐》(1917).

"正三角形分割成四块,再拼成一个正方形",被中国的多本著作所引用,如《数学万花镜》(施坦因豪斯著,裘光明译)、《摘取数学明珠》(董仁扬著)和《数学趣闻集锦》(帕帕斯著)等.

把正三角形分成四块再拼成正方形,其作法如下:

如图 35.1 所示,设正△ABC 的边长为 2.

(1)设 AC 的中点为 D,联结 BD 并延长到点 E,使 DE=AD.

(2)以 BE 为直径作半圆 BFE,其中点 F 是 CA 延长线与半圆的交点.

(3)以点 D 为圆心,DF 为半径作圆弧,交 BC 于点 M.

(4)联结 DM.

(5)在 BC 上截取 MN=AD.

(6)设边 AB 的中点为 G,作 GP⊥DM 于点 P,作 NQ⊥DM 于点 Q.

这样,就把正△ABC 分割成四块,这四块包括四边形 AGPD,GBMP,NCDQ 和△MNQ.

以下证明 $DM=\sqrt[4]{3}$.

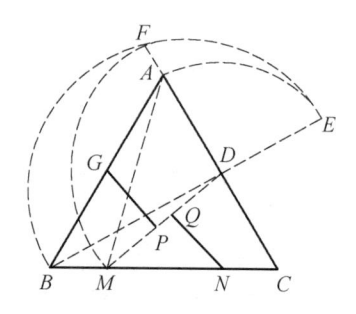

图 35.1

在半圆 BFE 中，BE 是直径，$BD=\sqrt{3}$，$DE=1$，因为 $DF\perp BE$，所以 $DF^2=BD\cdot DE=\sqrt{3}\cdot 1=\sqrt{3}$，所以 $DF=\sqrt[4]{3}$.

故 $DM=DF=\sqrt[4]{3}$.

上面介绍了把正三角形分成四块的过程. 那么，怎样将其拼成一个正方形呢？

实际作法只有两个步骤：

如图 35.2 所示，正 $\triangle ABC$ 已被分割成四块：四边形 $AGPD$，$GBMP$，$NCDQ$ 和 $\triangle MNQ$.

(1) 以点 G 为对称中心，作四边形 $GBMP$ 的对称四边形 GAM_1P_1；以点 D 为对称中心，作四边形 $NCDQ$ 的对称四边形 N_1ADQ_1，如图 35.3 所示.

(2) 延长 P_1M_1，Q_1N_1 交于点 Q_2. 得到四边形 $P_1PQ_1Q_2$，如图 35.4 所示.

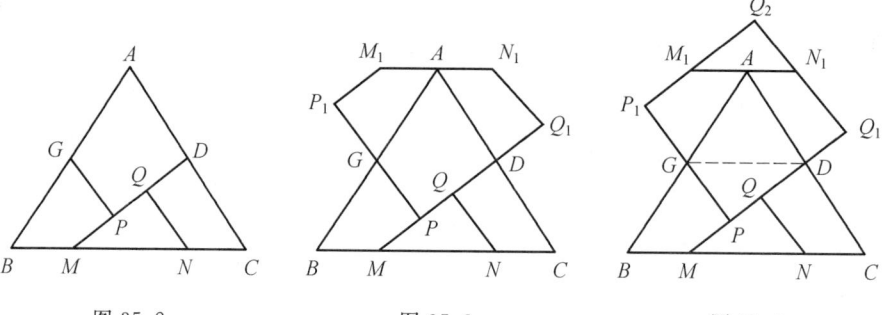

图 35.2   图 35.3   图 35.4

以下证明四边形 $P_1PQ_1Q_2$ 是所求的正方形.

第一步，证明四边形 $P_1PQ_1Q_2$ 的面积等于正 $\triangle ABC$ 的面积.

四边形 $P_1PQ_1Q_2$ 由四块组成，其中四边形 $AGPD$ 是原来正三角形的一部分，四边形 GAM_1P_1，DAN_1Q_1 分别是原来正三角形中四边形 $GBMP$，$DCNQ$ 的对称四边形，故面积相等，下面只需证 $\triangle Q_2M_1N_1$ 与 $\triangle QMN$ 面积相等.

因为四边形 $GAM_1P_1 \cong$ 四边形 $GBMP$，所以 $\angle AM_1P_1 = \angle BMP$，所以 $\angle Q_2M_1N_1 = \angle QMN$.

同理，$\angle Q_2N_1M_1 = \angle QNM$.

又因为 $M_1A = BM$，$AN_1 = NC$，所以 $M_1N_1 = M_1A + AN_1 = BM + NC = BC - MN$，所以 $M_1N_1 = MN$.

因此 $\triangle Q_2M_1N_1 \cong \triangle QMN$，故二者面积相等.

于是，四边形 $P_1PQ_1Q_2$ 的面积等于正 $\triangle ABC$ 的面积.

第二步，证明四边形 $P_1PQ_1Q_2$ 是矩形.

因为 $\angle P_1PQ_1 = \angle PQ_1Q_2 = \angle Q_1Q_2P_1 = \angle Q_2P_1P = 90°$，所以四边形 $P_1PQ_1Q_2$ 是矩形.

第三步，证明矩形 $P_1PQ_1Q_2$ 是正方形. 只需证明 $P_1P = PQ_1$ 即可.

如图 35.4 所示，注意到正 $\triangle ABC$ 的边长为 2，在 $\triangle MCD$ 中，有

$$\sin \angle DMC = \frac{CD \cdot \sin \angle DCM}{DM} = \frac{1 \cdot \frac{\sqrt{3}}{2}}{\sqrt[4]{3}} = \frac{\sqrt[4]{3}}{2}$$

所以

$$QN = MN \cdot \sin \angle QMN = \frac{\sqrt[4]{3}}{2}$$

因为 $\triangle PDG \cong \triangle QMN$，所以 $GP = NQ = \frac{\sqrt[4]{3}}{2}$，且 $DP = MQ$.

一方面，由作图知 $P_1P = 2GP = \sqrt[4]{3}$；另一方面，由前两步可知

$$PQ_1 = PD + DQ_1 = MQ + QD = MD = \sqrt[4]{3}$$

所以 $P_1P = PQ_1 = \sqrt[4]{3}$.

因此矩形 $P_1PQ_1Q_2$ 是正方形，且面积为 $\sqrt{3}$（与正 $\triangle ABC$ 等面积）.

在《中学数学研究》2006 年第 1 期中，汕头大学教授钱昌本（1944—2008）发表了《名著的疏漏》一文，南京师范大学单墫教授称其为"好文章，影响很大，乃至于数学界的一些同行吃饭时都谈起它".

《名著的疏漏》中的名著指《数学万花镜》，这本书由波兰数学家施坦因豪斯（Steinhaus，1887—1972）所著，郑州大学教授裴光明译. 该书内容经典，被翻译成多种语言出版. 在中国就有开明书店、中国青年出版社、上海教育出版社和湖南教育出版社等出版的多种译本，译者均为裴光明教授.

疏漏指：根据 1972 年之后的版本进行翻译的中译本中增加了一图（图 35.5），画蛇添足，出现了错误. 此时施坦因豪斯先生已经逝世，此疏漏很可能并

非原著者的错误,而是后来的人所加的注解出现了漏洞.

错误构图的叙述如下:

设正 $\triangle ABC$ 的边长为 2,边 AC,AB 的中点分别为 D,G. 在边 BC 上分别取点 M,N,使得 $BM=NC=1$,然后按前述方法得到矩形 $P_1PQ_1Q_2$. 错误地认为它就是所求的正方形.

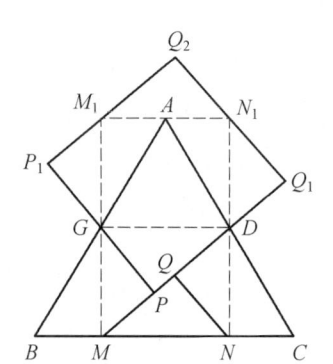

图 35.5

实际上,矩形 $P_1PQ_1Q_2$ 并非正方形.理由简述如下:

在 $\triangle MCD$ 中,有

$$DM=\sqrt{CD^2+MC^2-2\cdot CD\cdot MC\cdot\cos 60°}$$

$$=\sqrt{1^2+\left(\frac{3}{2}\right)^2-\frac{3}{2}}=\frac{\sqrt{7}}{2}$$

所以

$$\sin\angle DMC=\frac{CD\sin\angle DCM}{DM}=\frac{1\cdot\frac{\sqrt{3}}{2}}{\frac{\sqrt{7}}{2}}=\frac{\sqrt{21}}{7}$$

所以

$$QN=MN\sin\angle QMN=1\cdot\frac{\sqrt{21}}{7}=\frac{\sqrt{21}}{7}$$

因为 $\triangle PDG\cong\triangle QMN$,所以 $GP=QN=\frac{\sqrt{21}}{7}$.

再看矩形 $P_1PQ_1Q_2$.

一方面,由作图知,$P_1P=2GP=\frac{2\sqrt{21}}{7}$;另一方面,由前文所述的第一、二步可知

133

$$PQ_1 = PD + DQ_1 = MQ + QD = DM = \frac{\sqrt{7}}{2}$$

而 $\frac{2\sqrt{21}}{7} \neq \frac{\sqrt{7}}{2}$，所以四边形 $P_1PQ_1Q_2$ 是矩形.

由于 $\frac{2\sqrt{21}}{7} = 1.309\ 307\ 341\ 415\ 9, \frac{\sqrt{7}}{2} = 1.322\ 875\ 655\ 532\ 3$，二者相差无

几，因此人们误以为四边形 $P_1PQ_1Q_2$ 是正方形.

也就是说，在正确构图（图 35.6）下，BM 与 NC 是不相等的.

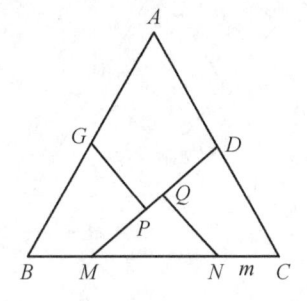

图 35.6

那么，BM 和 NC 分别等于多少呢？

设正 $\triangle ABC$ 的边长为 2，由于正方形面积等于正 $\triangle ABC$ 的面积，为 $\sqrt{3}$，所以正方形的边长为 $\sqrt[4]{3}$，即 $DM = \sqrt[4]{3}$.

设 $NC = m$，在 $\triangle CDM$ 中，$MC = 1 + m, CD = 1$，由余弦定理，有

$$(1+m)^2 + 1 - (1+m) = \sqrt{3}$$

解得

$$m = \frac{\sqrt{4\sqrt{3} - 3} - 1}{2} = 0.490\ 984\ 766\ 567\ 52$$

所以

$$NC = 0.490\ 984\ 766\ 567\ 52$$

$$BM = 0.509\ 015\ 233\ 432\ 48$$

二者之差仅为 $0.018\ 030\ 466\ 864\ 96$，如此微小，所以看起来 BM 似乎等于 NC.

以下用解析法给出答案. 设正 $\triangle ABC$ 的边长为 2，如图 35.7 所示，建立直角坐标系，则 $A(0, \sqrt{3}), C(1, 0)$，所以 $D\left(\frac{1}{2}, \frac{\sqrt{3}}{2}\right)$.

设 $M(t,0)$,由正方形的边长 $|DM|=\sqrt[4]{3}$,得 $\left(t-\dfrac{1}{2}\right)^2+\left(\dfrac{\sqrt{3}}{2}\right)^2=\sqrt{3}$,所以

$t^2-t+1-\sqrt{3}=0$,解得 $t=-0.490\,984\,766\,567\,52$.

所以 $|BM|=t-(-1)=0.509\,015\,233\,432\,48$.

所以 $|NC|=0.490\,984\,766\,567\,52$,二者之差仅为 $0.018\,030\,466\,864\,96$.

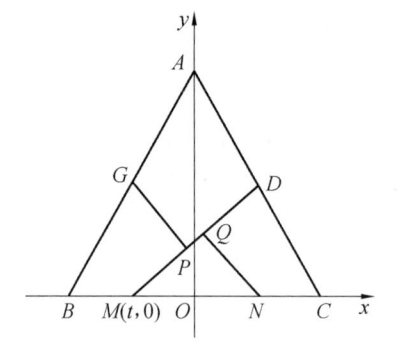

图 35.7

现在要问:正三角形分成四块,能拼成菱形吗?

回答是肯定的. 具体作法如下:

在正 $\triangle ABC$ 中,边 AB,AC 的中点分别为 G,D,在边 BC 上取点 M,N,使 $BM=NC=\dfrac{1}{4}BC$,设 DM 与 GN 交于点 P,此时,正 $\triangle ABC$ 已被分割成四块,分别为四边形 $AGPD$,$GBMP$,$NCDP$ 和 $\triangle MNP$,如图 35.8 所示.

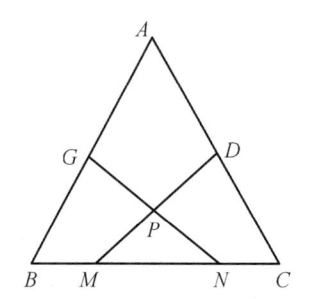

图 35.8

由以下两个步骤再拼成菱形.

(1)以点 G 为对称中心,作四边形 $GBMP$ 的对称四边形 GAM_1P_1;以点 D 为对称中心,作四边形 $DCNP$ 的对称四边形 DAN_1Q_1,如图 35.9 所示.

(2)延长 P_1M_1,Q_1N_1 交于点 Q_2.得到四边形 $P_1PQ_1Q_2$,如图 35.10 所示.

为什么这样拼接出来的是菱形而不是正方形呢? 只需计算 $\angle DPG$ 并非直

角即可.

设正△ABC 的边长为 2,易知四边形 $P_1PQ_1Q_2$ 为菱形.

在△MCD 中,$CD=1$,$MC=\dfrac{3}{2}$,$\angle C=60°$,所以

$$DM=\sqrt{1^2+\left(\dfrac{3}{2}\right)^2-\dfrac{3}{2}}=\dfrac{\sqrt{7}}{2}$$

在△PDG 中,$PD=PG=\dfrac{\sqrt{7}}{4}$,$DG=1$,所以

$$\cos\angle DPG=\dfrac{\left(\dfrac{\sqrt{7}}{4}\right)^2+\left(\dfrac{\sqrt{7}}{4}\right)^2-1}{2\cdot\left(\dfrac{\sqrt{7}}{4}\right)^2}=-\dfrac{1}{7}$$

所以$\angle DPG=98.21°$.

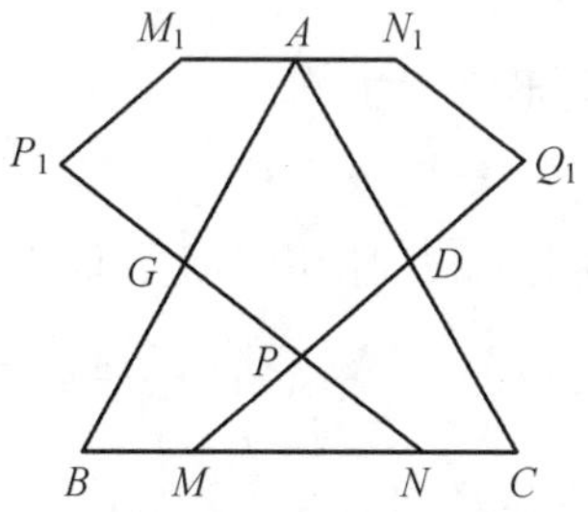

图 35.9 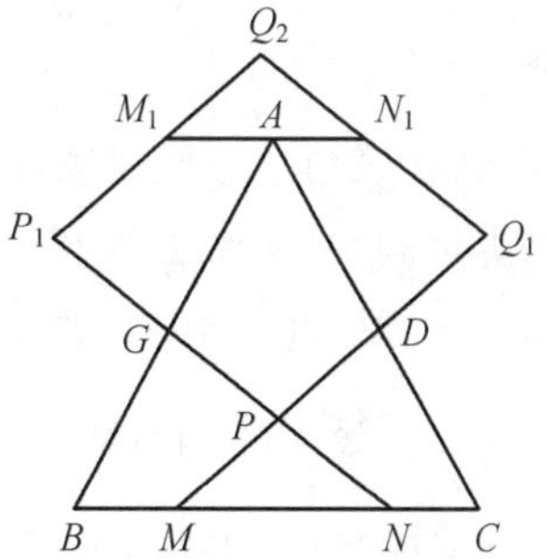　　　　　　图 35.10

综上所述,把正三角形分成四块,可以拼成菱形、矩形或正方形.一般地,把一个几何图形(比如斜三角形)分成四块,再拼成另一个几何图形,估计这将是一个颇为复杂的问题.

第 36 节　一笔画——哥尼斯堡七桥问题

18 世纪,在哥尼斯堡(Калининград)(当时属于东普鲁士,现名为加里宁格勒,是俄罗斯加里宁格勒州的首府)的普雷格尔河的拐弯处,有两个小岛.小岛和河岸之间建有七座桥,把河两岸与小岛互相连接起来,如图 36.1 所示.当时,那里的居民对于一个难题很感兴趣:一位散步者怎样才能一次走遍七座桥,且每座桥只走一次,最后再回到出发点呢?

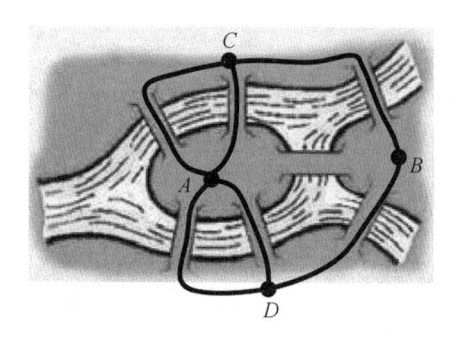

图 36.1

这个问题似乎不难,谁都能试一试.可是,当时谁也不能确切地回答出来.

数学家欧拉研究了这个问题.千百人尝试的失败使他猜想:这种走法是根本不存在的.1736 年,他证明了这个猜想,并以此为内容在圣彼得堡做了一次精彩的报告.

现在看来,这个问题的确不难.只要认真地讲一遍,小学高年级的学生也能听懂并能理解解决此题的思路.

我们把两个小岛和两岸陆地分别用 A, B, C, D 四个点表示,再把连接小岛和陆地的七座桥画成联结 A, B, C, D 的七条线,由此就得到了图 36.2 所示的图形.

由此,七桥问题就变成了能否一笔画成这个图形的问题.

什么样的图形能一笔画成呢? 其中又有什么规律呢?

首先,必须是连通图形,也就是图中任意两点都有若干条线段把它们联结起来,像图 36.3 这样的就不行.

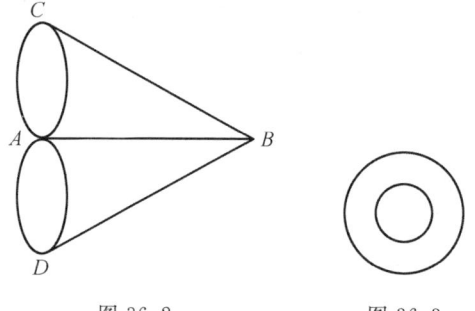

图 36.2　　　　　图 36.3

其次,要考察图形中奇点和偶点的个数.

什么是奇点呢? 一个点,以它为端点的线数是奇数时,这个点就是奇点.同理,以一个点为端点的线数是偶数时,这个点就是偶点.

有如下判定法则:只有 0 个或 2 个奇点的图形可以一笔画成,其他的均不

137

能一笔画成.

例如,图 36.4 可以一笔画成.它有 6 个点,全部是偶点(即 0 个奇点),它可以从一点出发,遍历所有的边,再回到出发点.

图 36.5 也可以一笔画成,它有 2 个奇点,从一奇点出发,遍历所有的边,可以回到另一个奇点.

但图 36.6 不能一笔画成,它有 4 个奇点.图 36.7 也不能一笔画成,它有 6 个奇点.

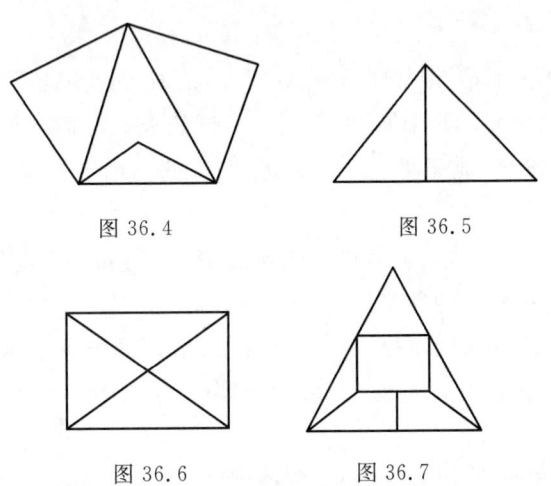

图 36.4　　　　　　　　图 36.5

图 36.6　　　　　　　　图 36.7

在图 36.2 中,虽然这个图形是连通的,但是 A,B,C,D 这四个点全都是奇点,所以它不能一笔画成,因此哥尼斯堡七桥问题中的理想走法是根本不可能存在的.

以上就是"一笔画"定理,也称欧拉定理.经过每个点恰好一次的路径称为回路,也称欧拉回路.欧拉不仅圆满地回答了七桥问题,而且还由此开创了数学的两个新的分支——拓扑学与图论.

1962 年,我国数学家管梅谷教授提出了著名的"中国邮路问题"——邮递员从邮局出发,每次要走遍他管辖的投递街区的每一条道路,然后再回到邮局,应该怎样走能使总路程最短?

中国邮路问题也称中国邮递员问题,是由美国国家标准和技术研究院(NIST)的 Alan Goldman 首先将此问题命名为"中国邮路问题"的,在国际上备受人们的瞩目.

138

第 37 节 地图着色——四色定理

当你打开一幅地图时,就会看到不同的区域着上了不同的颜色来加以区别,给人以鲜明的印象.

1852 年,刚从伦敦大学毕业的年轻人弗南西斯·格思里(Francis Guthrie)发现:"每幅地图都可以用四种颜色来着色,使得有共同边界的国家着上不同的颜色."

他把这一发现告诉了正在大学读物理的弟弟.弟弟求教于他的数学老师德·摩根(De Morgan,1806—1871)教授.德·摩根很快发现这是一个非常好的数学问题,并于 1852 年 10 月 23 日写信给著名数学家哈密顿(Hamilton,1805—1865),信中说:

> 一位学生今天向我提出了一个问题,我们不知道它是否成立.他说任意划分一个图形并对其每个部分染色,使得任何具有公共边线的部分具有不同的颜色,且最多只能用四种颜色,……你以为如何? 如果这个问题成立,它能引起人们的关注吗?

不过,哈密顿对这类像是数学游戏的问题不太感兴趣,一直都没有解决,但他把这个问题在数学界传播开来.

1878 年,英国著名数学家凯莱(Cayley,1821—1895)正式在伦敦的数学会上提出了四色猜想.1879 年,英国律师兼数学家肯普(Kempe,1849—1922)提交了证明四色猜想的论文.当时不少数学家都对肯普的成果给予了高度评价.肯普甚至由此被选为英国皇家学会院士.接下来的十年间,大家都公认四色猜想已被肯普证明.甚至有一所中学的校长把这个问题列为校内的有奖数学征解题.

1890 年,在牛津大学就读的年仅 29 岁的希伍德(Heawood,1861—1955)发表了一篇论文,这篇论文轰动了数学界.他举出了一个反例,揭示了肯普的证明有重大缺陷,从而否定了肯普对"四色猜想"的证明.同时,他通过证明建立了"五色定理",即每个地图都可用 5(或少于 5)种颜色着色.

这里还有一个非常有意思的小故事.出生于俄罗斯的德籍数学家闵科夫斯基(Minkowski,1864—1909)在一次讲课时心血来潮,突然对同学们说:"四色猜想其实很简单,之所以没能解决,是因为大数学家没有参与(意思是自己没有参与),我现在就讲给你们听.他转身就对着黑板推导下去,写着写着,却做不下去了.他借故说:'今天因为时间的关系,下次再讲吧!'"结果,连续几次都推导不出来.又有一天,当他在课堂上还在全力推导时,教室外突然狂风大作、雷雨交加.闵科夫斯基这时转过身来,缓缓地说:"同学们,上天在惩罚闵科夫斯基的狂妄."此时,这位大数学家终于认识到了"四色猜想"的难度.人们开始认识到,这个貌似容易的题目,实则是一个可与费马猜想相媲美的难题.

在希伍德之后,许多数学家都研究了四色问题.不过,这些研究基本上还是沿着希伍德的归谬法进行的.

1950 年,德国数学家希许(Heesch,1906—1995)提出了"希许电荷法",在四色猜想研究的道路上起到了重要的作用,为后来的证明奠定了基础.希许还估计,证明四色猜想大概要涉及一万个不同的构形.虽然后来证明他的估计是过分夸大的,但这个估计却正确地指出了,四色问题也许只有借助能处理巨量数据的强大计算装置才能获得解决.

1976 年,美国数学家阿佩尔(K. Appel)和哈肯(W. Hakan)在计算机专家柯克(Kock)的协助下,在美国伊利诺斯大学的两台不同的电子计算机上,用了1 200 个小时,做了 100 亿次判断,终于完成了四色定理的证明.

四色猜想的计算机证明轰动了世界.计算机专家无疑是兴高采烈的,但数学家却很难认可.同时,他们还提出置疑:

第一,数学证明力求简明.而运用计算机花费上千个小时的"马拉松证明"能不能简化?

有人极端地说:"把一些东西输入计算机,从计算机里输出结果,谁知道中间发生了什么事情!"

第二,怎样去检验它的正确性?计算机也有出错的可能,怎样验证?再用计算机检验吗? 检验的机器又出错怎么办? 浩繁无比的工作量,人工怎么去检验?

第三,违背了"数学证明"的本义.传统的数学证明是通过人工推算来完成的,而这里的机器证明,是验算还是验证?

有人说:一个好的数学证明应当像一首诗,而这(机器证明)纯粹是一本电话簿!

因此,不少数学家并不满足于计算机所取得的结果,他们认为应该有一种四色猜想的"标准证明",也就是一个纸面上看得着的经典证明!

直到现在,仍由不少数学家和数学爱好者在寻找更简洁的传统证明方法.

值得一提的是,在"四色问题"的研究过程中,不少新的数学理论随之产生,也发展了很多数学计算技巧.例如,"四色问题"在有效地设计航空班机日程表、设计计算机的编码程序上都起到了推动作用.

凸多面体的示性数问题、哥尼斯堡七桥问题和地图四色问题,这三个数学趣题在数学历史的进程中,竖起了三座丰碑,使人们受到启迪和鼓舞,不断攀登科学的高峰.

第 38 节　凸多面体的示性数问题

有一类几何问题,与一般的平面几何或立体几何问题不同,它与图形的形状和大小没有关系,只与点之间的位置关系密切相关.研究这类问题的几何学,原先称为位置几何学,现在称为拓扑学.

在这种几何学中,对图形的"尺寸"是不感兴趣的,所以又称"不量尺寸的几何学".既然如此,人们这样设想:图形是画在一个极富弹性的橡皮膜上的,无论将橡皮膜怎样拉伸、压缩或弯曲,都认为变形前后的图形是一样的(即同胚),因此给这种几何学起了一个形象的外号,叫橡皮几何学.

拓扑学的问题对于中学生来讲似乎是陌生且乏味的.其实不然,当你了解了两百多年前的三个有趣的拓扑问题,就会感到特别亲切、兴味顿生.

1750 年,大数学家欧拉发现:任意一个凸多面体,它的顶点数(V)、棱数(E)和面数(F)之间有如下关系,即 $V-E+F=2$.这个结论也称多面体的欧拉定理.

这个等式并不涉及棱的长短或面的大小,而只涉及顶点、棱和面的数目.我们称其为欧拉定理,其中的 2 叫作欧拉示性数.

欧拉示性数的出现大大促进了人们对几何不变量的研究,其中 2 就是多面体的一个不变量.著名美籍华裔数学家陈省身指出:"欧拉示性数是大量几何课题的源泉和出发点."可见这个定理的重要性.

证明这个定理很难吗? 不难! 这里,我们以正方体为例来证明这个定理.

我们设想一个空心的正方体 $ABCD-A_1B_1C_1D_1$ 是由橡皮膜做成的.先挖掉一个面(图 38.1)再将它平铺成一个平面图形(图 38.2).这时,顶点数 V 和棱数 E 没有改变,面数 F 减少 1,因此只需证明 $V-E+F=1$.

图 38.2 中有 5 个四边形,给各个四边形分别添上一条对角线,即联结 AB_1,BC_1,CD_1,DA_1 和 B_1D_1.注意到,当每增加一条对角线时,棱数 E 和面数

F 均增加 1,顶点数 V 没有变,故 $V-E+F$ 不变.这样就把所有的四边形都变成了三角形(图 38.3).而这一过程就叫作把平面图形"三角形化".

在"三角形化"的平面图形中,有一些三角形位于图形的边缘,且只有两种可能:有的只有一条边位于边缘,有的则可能有两条边位于边缘.

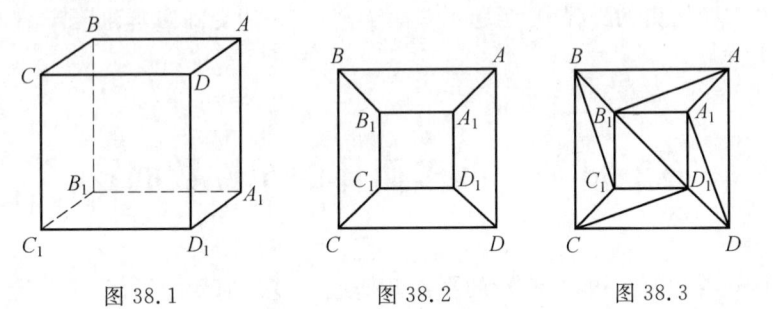

图 38.1　　　　图 38.2　　　　图 38.3

在图 38.3 中,$\triangle ABB_1$,$\triangle BCC_1$,$\triangle CDD_1$ 和 $\triangle DAA_1$ 都只有一条边位于边缘,我们去掉这些三角形(指处于边缘的那条边和三角形的面)就得到图 38.4.在这一过程中,每去掉一个三角形,棱数 E 和面数 F 都减少 1,而顶点数 E 不变,故 $V-E+F$ 不变.

在图 38.4 中,$\triangle AA_1B_1$,$\triangle BB_1C_1$,$\triangle CC_1D_1$ 和 $\triangle DD_1A_1$ 都有两条边位于边缘,我们就继续去掉这些三角形(指处于边缘的那两条边和三角形的面),由此得到图 38.5.在这一过程中,每去掉一个三角形,棱数 E 减少 2,面数 F 减少 1,而顶点数 V 也减少 1,故 $V-E+F$ 仍然不变.

在图 38.5 中,$\triangle A_1D_1B_1$ 和 $\triangle B_1C_1D_1$ 都有两条边位于边缘,不妨去掉 $\triangle B_1C_1D_1$(指处于边缘的那两条边和三角形的面),由此得到图 38.6.这时,棱数 E 减少 2,面数 F 和顶点数 V 均减少 1,故 $V-E+F$ 依然不变.

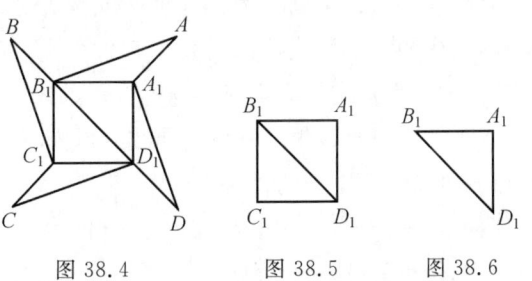

图 38.4　　　　图 38.5　　　　图 38.6

在 $\triangle A_1D_1B_1$ 中,顶点数 $V=3$,棱数 $E=3$,面数 $F=1$,满足 $V-E+F=1$.

对于一般的凸多面体,我们都可以仿照上面的程序:挖去一个面→平铺成平面图形→多边形"三角形化"→层层去掉位于边缘的三角形→得到 $\triangle A_1D_1$ B_1,而在 $\triangle A_1D_1B_1$ 中,顶点数 V、棱数 E、面数 F 满足 $V-E+F=1$.得证.

根据多面体的欧拉定理,可以得出这样一个有趣的事实:只存在五种正多面体,它们分别是正四面体、正六面体、正八面体、正十二面体和正二十面体.如图 38.7 所示.

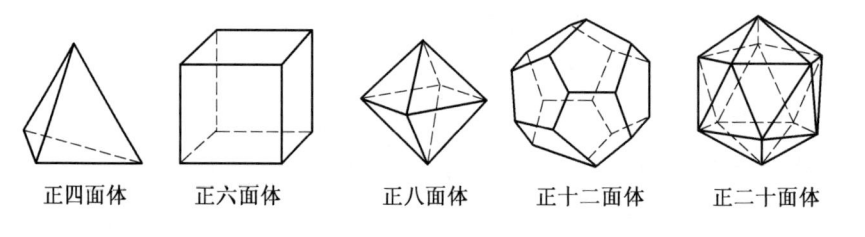

正四面体　　　正六面体　　　正八面体　　　正十二面体　　　正二十面体

图 38.7

第 39 节　平面铺砌的万花筒

现代家庭居室的地面铺上色彩鲜明的地板砖,显得格外的典雅和温馨.

地板砖是一种多边形的建筑材料,把它们无间隙且不重叠地铺满房间内的地面,这在数学上叫作平面铺砌问题.

我们先限定一些形状一模一样(即全等的多边形)的建筑材料去铺砌平面.现在要问:什么样的多边形可以铺砌平面呢?

三角形和四边形显然是可以铺砌平面的.

七边形或多于七边的多边形是不能铺砌平面的.这已经得到了确认.

那么六边形呢?

早在 1918 年,德国数学家莱因哈特(Reinhardt,1886—1958)就证明了:能够铺砌平面的凸六边形只有 3 类.

在六边形 $ABCDEF$ 中,$FA=a,AB=b,BC=c,CD=d,DE=e,EF=f$,能铺砌平面的六边形必须满足的条件分别是:

①$A+B+C=360°,a=d$.

②$A+B+D=360°,a=d,c=e$.

③$A=C=E=120°,a=b,c=d,e=f$.

特别有趣的是:五边形铺砌平面的问题.

莱因哈特最先提出了 5 类铺砌五边形(1918 年),五十年后,1968 年,约翰斯·霍普金斯大学的数学家理查德·克什纳(Richard Kershner)发现了新的 3 类凸五边形,并断言:这 8 类就是全部的铺砌五边形了.下面就来介绍这 8 类铺

143

砌五边形.

在五边形 $ABCDE$ 中，$EA=a$，$AB=b$，$BC=c$，$CD=d$，$DE=e$，能铺砌平面的五边形必须满足的条件分别是：

①$A+B+C=360°$（图 39.1）.

②$A+B+D=360°$，$a=d$（图 39.2）.

③$A=C=D=120°$，$a=b$，$d=c+e$（图 39.3）.

④$A=C=90°$，$a=b$，$c=d$（图 39.4）.

⑤$A=60°$，$C=120°$，$a=b$，$c=d$（图 39.5）.

⑥$A+B+D=360°$，$A=2C$，$a=b=e$，$c=d$（图 39.6）.

⑦$2B+C=2D+A=360°$，$a=b=c=d$（图 39.7）.

⑧$2A+B=2D+C=360°$，$a=b=c=d$（图 39.8）.

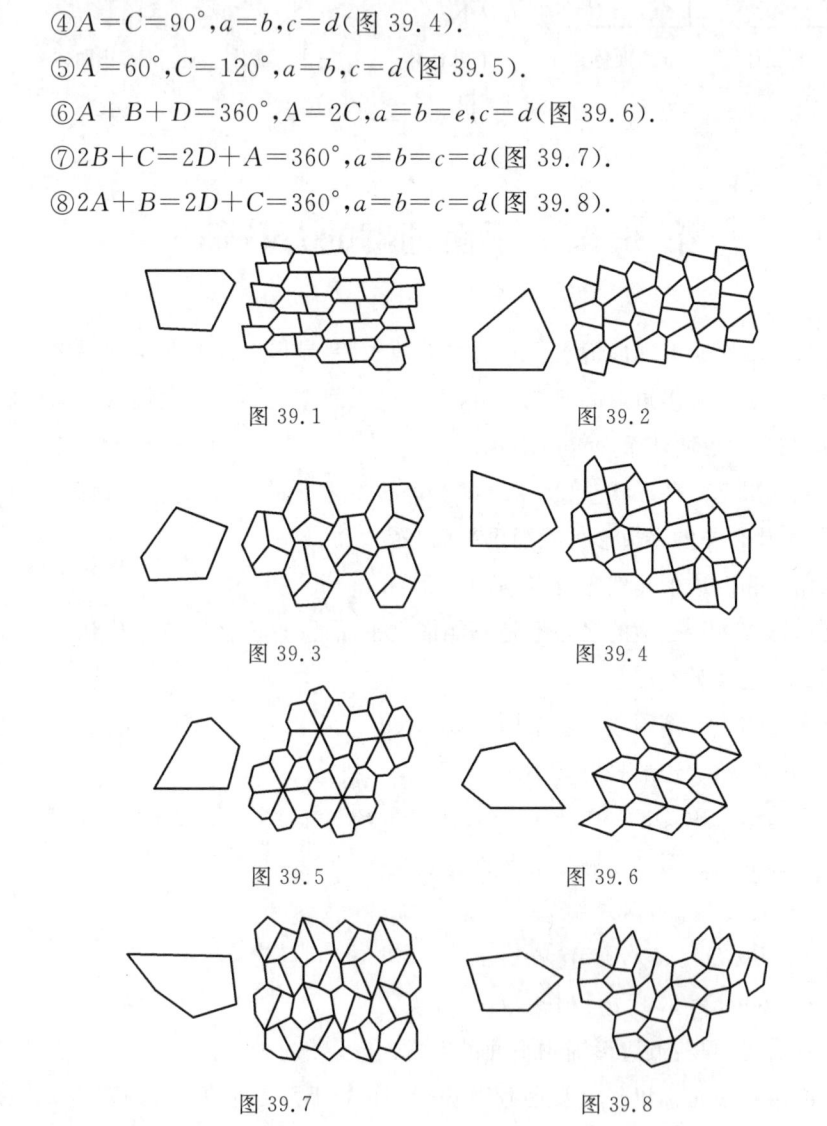

图 39.1　　　　　　　　　图 39.2

图 39.3　　　　　　　　　图 39.4

图 39.5　　　　　　　　　图 39.6

图 39.7　　　　　　　　　图 39.8

克什纳的断言未免有些武断.1975 年 12 月，计算机专家理查德·詹姆士三世（Richard Jamers III）发现了第 9 类铺砌五边形.

⑨$A=90°,C+D=270°,2D+E=2C+B=360°,a=b=c+e$(图 39.9).

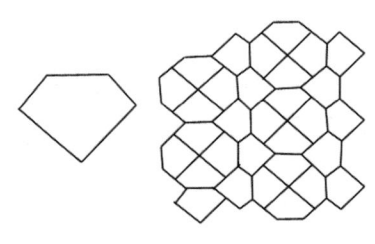

图 39.9

当刊有詹姆士发现的杂志《科学美国人》(1975 年 12 月号)出版之后,一位智利圣地亚哥的数学爱好者玛乔丽·赖斯(Marjorie Rice,1923—2017)立刻被这一问题迷住了,她只有高中学历,是五个孩子的母亲.当家里没人时,她就在厨房开始探索,一有人来就马上把画的草图藏起来.赖斯是一位毅力顽强的女性,硬是把前 10 类铺砌五边形一类一类地加以考察,并自创符号加以分析.1976 年 2 月,赖斯发现了第 10 类铺砌五边形.

⑩$2E+B=2D+C=360°,a=b=c=d.$(图 39.10).

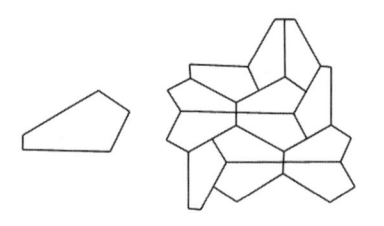

图 39.10

至此,赖斯以为问题就此完结了.这时,数学家多里斯·沙特施奈德(Doris Schattschneider)对她略加点拨,使这位聪明的母亲茅塞顿开,于是在同年即1976 年 12 月,赖斯又连续发现了第 11 类和第 12 类铺砌五边形.

⑪$D=90°,B+E=180°,2A+E=2C+B=360°,a=b,c+2e=d.$(图 39.11)

⑫$D=90°,B+E=180°,2A+E=2C+B=360°,a+c=2e=b.$(图 39.12)

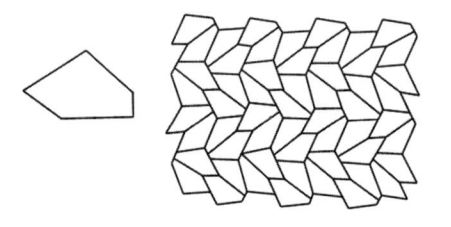

图 39.11

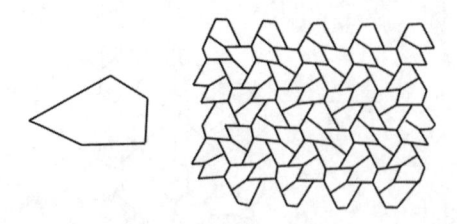

图 39.12

接连的成功，让赖斯兴奋不已，她继续潜心投入这项工作，终于在第二年也就是 1977 年，又发现了第 13 类铺砌五边形.

⑬$B=E=90°,2A+D=2C+D=360°,a=e,a+e=d.$（图 39.13）

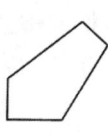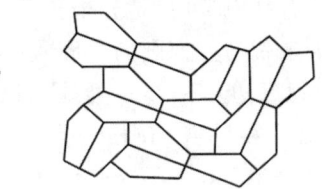

图 39.13

八年后，1985 年，罗尔夫·斯坦（Rolf Stein）找到了第 14 类铺砌五边形.

⑭$A=90°,B=145.34°,C=69.32°,D=124.66°,E=110.68°,2a=2c=d=e.$（图 39.14）

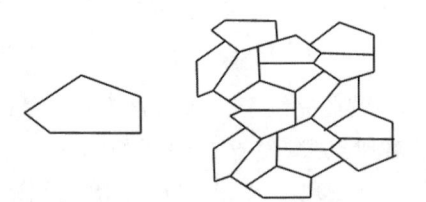

图 39.14

此后，平面铺砌问题的研究领域沉寂了一段时间.三十年后，2015 年，美国华盛顿大学数学系有一个研究团队由副教授凯西·曼（Casey Mann）及其夫人和一名学生组成.他们用计算机以"暴力搜索"的方式，终于找到了一类"完美五边形"，由此第 15 类铺砌五边形宣告被发现.

⑮$A=150°,B=60°,C=135°,D=105°,E=90°,a=c=e,b=2a.$（图 39.15）

这时，数学界认为铺砌五边形就只有以上 15 类了.现在把这 15 类五边形铺砌的图案统一展示在下面，如图 39.16 所示.

146

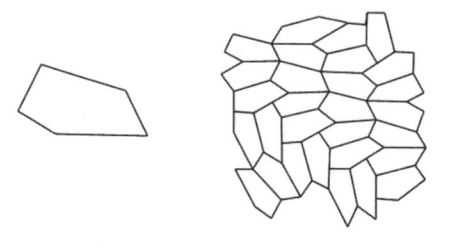

图 39.15

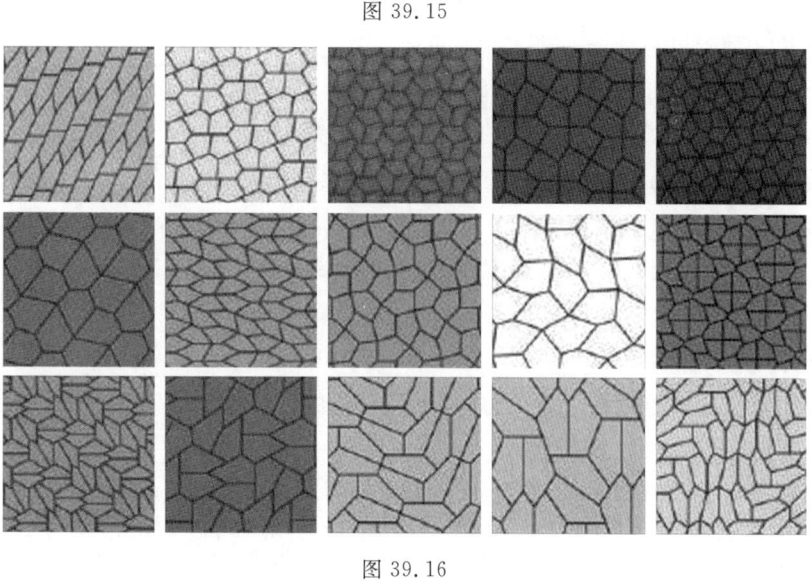

图 39.16

第 40 节 用正多边形铺砌

如果把"全等的多边形"这一条件再加一个字,改为"全等的正多边形",那么这样的铺砌问题就变得相当简单了.

设在镶嵌图中的每个顶点处,由 m 个正 n 边形的内角拼成一个周角,其正 n 边形的一个内角为 α,则有 $m\alpha = 2\pi$,且 $\alpha = \dfrac{(n-2)\pi}{n}$,解得 $m = \dfrac{2n}{n-2} = 2 + \dfrac{4}{n-2}$,此方程有三组解,即

$$\begin{cases} m_1 = 6 \\ n_1 = 3 \end{cases}, \begin{cases} m_2 = 4 \\ n_2 = 4 \end{cases}, \begin{cases} m_3 = 3 \\ n_3 = 6 \end{cases}$$

因此,用全等的正多边形铺砌平面,有且只有三种情况,如图 40.1～图 40.3

147

所示.

注意到,图40.1正是蜂窝的一个断面图,也是石墨晶体的一个断面示意图.

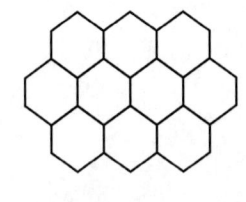 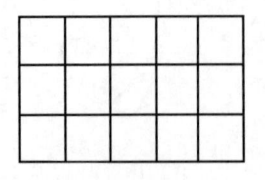 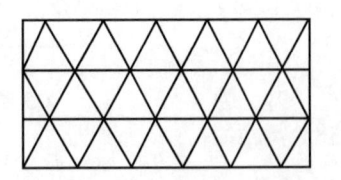

图40.1　　　　　　　　图40.2　　　　　　　　图40.3

说到晶体,大家立刻会联想到普通的食盐、华贵的钻石和晶莹的雪花.大自然的鬼斧神工造就了形态奇妙的天然晶体.于是,可能有人会认为,晶体的形状种类一定是无穷无尽的.

其实不然!

1889年,俄国结晶矿物学家费德洛夫(Фёдоров,1853—1919)发现并证明了:一切晶体的结构方式只有230种!这个结论太出人意料了,轰动了当时的科学界.

如果把条件放宽松一点,允许用不同种类的正多边形去铺砌平面,那么,这样的铺砌有多少种方式呢?

用类似于上面的方法,设在镶嵌图的每一顶点处是由 m 个正 n 边形的内角拼成一个周角的,由于正 n 边形的一个内角为 $\left(\dfrac{1}{2}-\dfrac{1}{n}\right)\cdot 2\pi$,因此有

$$\left[\left(\frac{1}{2}-\frac{1}{n_1}\right)+\left(\frac{1}{2}-\frac{1}{n_2}\right)+\cdots+\left(\frac{1}{2}-\frac{1}{n_m}\right)\right]\cdot 2\pi=2\pi$$

所以

$$\left(\frac{1}{2}-\frac{1}{n_1}\right)+\left(\frac{1}{2}-\frac{1}{n_2}\right)+\cdots+\left(\frac{1}{2}-\frac{1}{n_m}\right)=1$$

所以

$$\frac{m}{2}-\left(\frac{1}{n_1}+\frac{1}{n_2}+\cdots+\frac{1}{n_m}\right)=1$$

所以

$$\frac{1}{n_1}+\frac{1}{n_2}+\cdots+\frac{1}{n_m}=\frac{m-2}{2} \tag{$*$}$$

而这个不定方程共有17组解,列表如下(表40.1):

数苑漫步

表 **40.1**

	n_1	n_2	n_3	n_4	n_5	n_6	m
(1)	3	3	3	3	3	3	6
(2)	3	3	3	4	4		5
(3)	3	3	3	3	6		5
(4)	3	3	6	6			4
(5)	3	4	4	6			4
(6)	3	12	12				3
(7)	4	4	4	4			4
(8)	4	8	8				3
(9)	4	6	12				3
(10)	6	6	6				3
(11)	3	10	15				3
(12)	3	9	18				3
(13)	3	8	24				3
(14)	4	5	20				3
(15)	3	3	4	12			4
(16)	5	5	10				3
(17)	3	7	42				3

图 40.4～图 40.20 是不定方程(＊)的 17 组解所对应的图案.

需要指出的是,上述解只是正多边形能铺满平面的必要条件.实际上,上述 17 组解中,前 10 组(图 40.4～图 40.13)能铺满平面,而后 7 组(图 40.14～图 40.20)不能铺满平面.

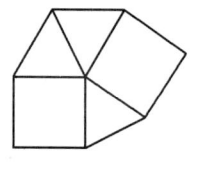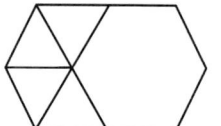

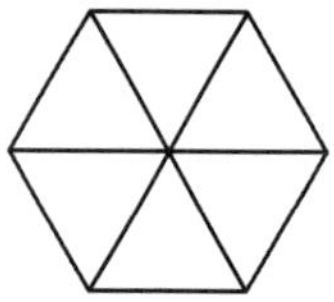

图 40.4

$n_1 = n_2 = n_3 = n_4 = n_5 = n_6 = 3$

图 40.5

$n_1 = n_2 = n_3 = 3, n_4 = n_5 = 4$

图 40.6

$n_1 = n_2 = n_3 = n_4 = 3, n_5 = 6$

149

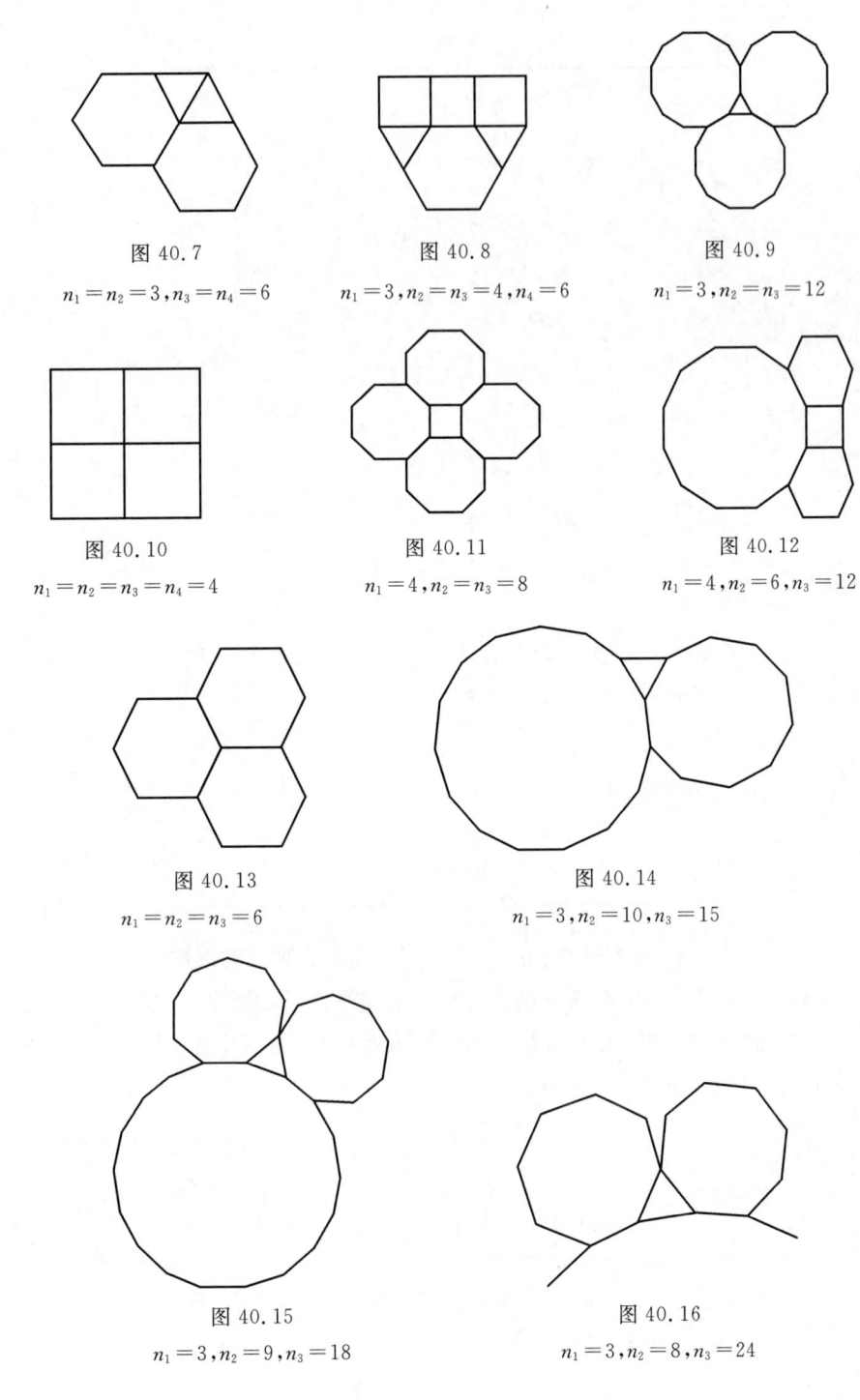

图 40.7

$n_1 = n_2 = 3, n_3 = n_4 = 6$

图 40.8

$n_1 = 3, n_2 = n_3 = 4, n_4 = 6$

图 40.9

$n_1 = 3, n_2 = n_3 = 12$

图 40.10

$n_1 = n_2 = n_3 = n_4 = 4$

图 40.11

$n_1 = 4, n_2 = n_3 = 8$

图 40.12

$n_1 = 4, n_2 = 6, n_3 = 12$

图 40.13

$n_1 = n_2 = n_3 = 6$

图 40.14

$n_1 = 3, n_2 = 10, n_3 = 15$

图 40.15

$n_1 = 3, n_2 = 9, n_3 = 18$

图 40.16

$n_1 = 3, n_2 = 8, n_3 = 24$

150

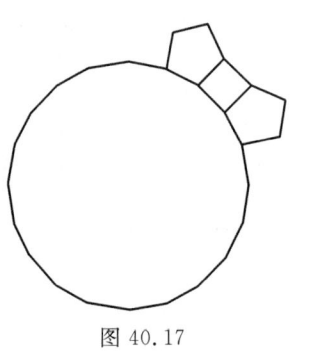

图 40.17

$n_1 = 4, n_2 = 5, n_3 = 20$

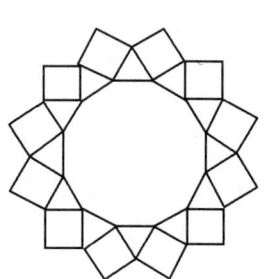

图 40.18

$n_1 = n_2 = 3, n_3 = 4, n_4 = 12$

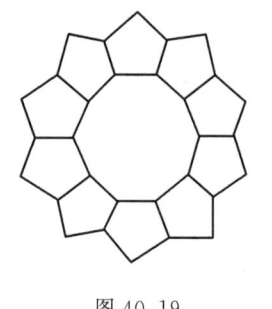

图 40.19

$n_1 = n_2 = 5, n_3 = 10$

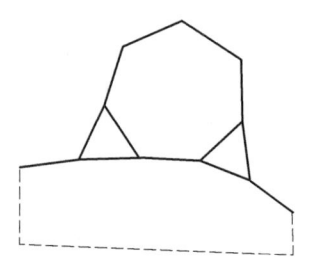

图 40.20

$n_1 = 3, n_3 = 7, n_5 = 42$

为了便于观察,下面把能够铺满平面的 10 种情况的示意图(图 40.21～图 40.30)罗列如下:

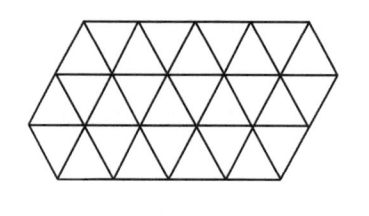

图 40.21

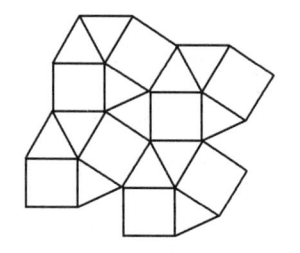

图 40.22

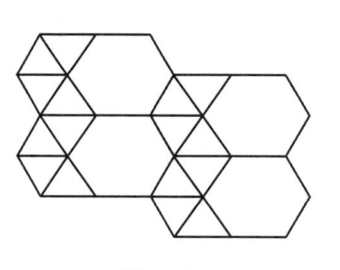

图 40.23

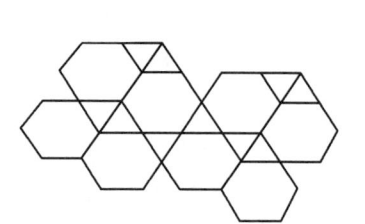

图 40.24

151

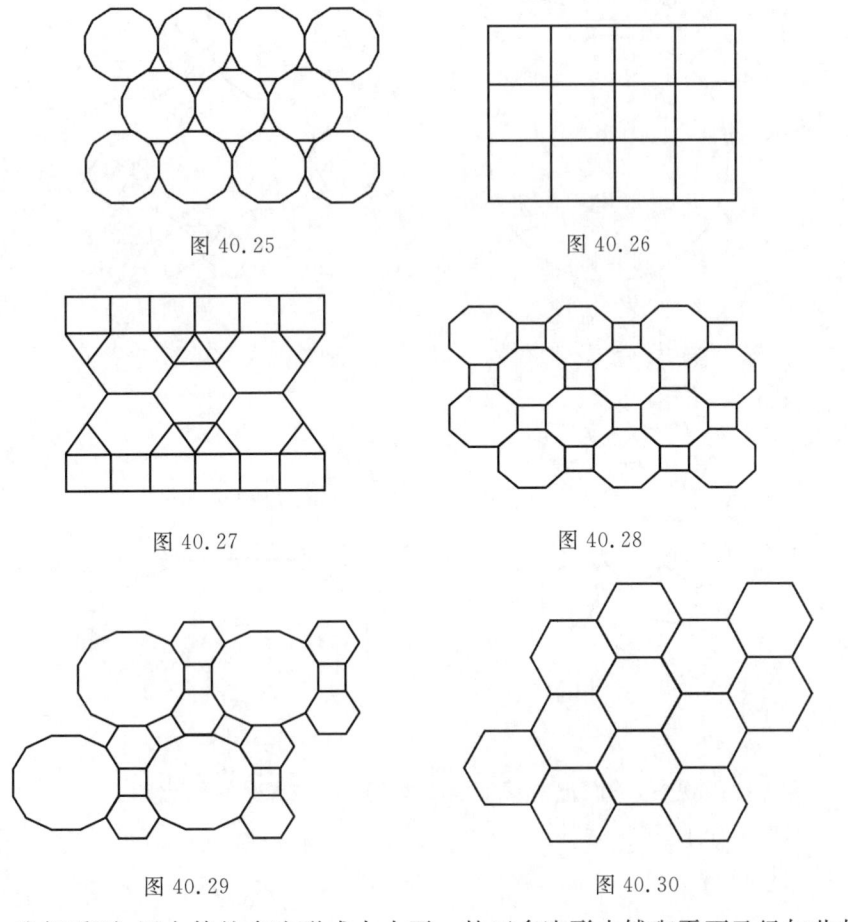

图 40.25

图 40.26

图 40.27

图 40.28

图 40.29

图 40.30

我们看到,用全等的多边形或大小不一的正多边形去铺砌平面已经如此壮丽和美观.可以想家,如果我们用二类、三类或更多类型的多边形,以及优雅的圆精心地铺砌平面,那将是更加美妙的图案.事实上,我们在生活中常见的许多图案就是这样混合镶嵌的.数学家已对这些问题产生了相当的兴趣,正试图建立相应的数学模型,一窥其中的奥秘!

第41节　欧氏几何与非欧几何

早在两千多年前,数学王国就建造了一座巍峨的宫殿——欧氏几何学,即欧几里得几何学.这一宏伟的建筑,是用定理、定义、公理和公设作为基本架构,以点、线、面为基本材料,由人类智慧的能工巧匠欧几里得精心建造而落成的.

欧氏几何学集中体现在不朽的数学名著《几何原本》中. 这本书共有十三卷, 其中:

第一卷介绍了三角形全等的条件、三角形边和角的大小关系、平行线定义和多边形面积相等的条件.

第二卷给出了如何把三角形变成和它等积的正方形.

第三卷专门介绍了圆.

第四卷论述了圆内接或外切多边形.

第五卷主要探讨了比例.

第六卷介绍了相似多边形的理论.

第七卷至第十卷介绍了比例和算术的理论.

第十一、十二、十三卷讲述了立体几何学的内容.

我们初中学的平面几何, 以及高中学的立体几何, 是《几何原本》的精彩华章.

在历史上, 有许多科学家在青少年时期就对欧氏几何学着迷, 从中受到严格的思维训练, 从而打下坚实的数学基础.

少年时期的牛顿 (Newton, 1643—1727) 曾拥有一本《几何原本》, 但他认为书中内容浅显而没有认真去读它. 然而, 在一次奖学金的考试中落选后, 牛顿感到很失望. 这时, 一位考官说了一句话, 对牛顿触动很大. 考官说:"你的几何基础太贫乏了, 无论怎么用功也是不行的."从此, 牛顿发愤攻读《几何原本》, 很好地弥补了自己的知识缺失和能力缺陷. 长大后牛顿成为物理学家、数学家和天文学家, 为人类的科学做出了卓越的贡献.

爱因斯坦 (Einstein, 1879—1955) 是近代物理学的巨星, 他于 1905 年建立了狭义相对论, 又于 1916 年建立了广义相对论, 为人类认识自然做出了划时代的贡献. 他曾回忆道:"在我 12 岁的时候, 已被几何学这种明晰性和可靠性给我造成的一种难以形容的印象所惊奇."后来, 几何学的思想方法, 对这位科学巨人的研究工作确实有很大的启示.

那么, 非欧几何又是怎么一回事呢?

这要从欧氏几何的第五公设谈起. 欧几里得在《几何原本》中提出了五条公设 (不加证明便承认的事实), 它们是:

(1) 从任意一点到另一点可以作直线.

(2) 有限的直线可以无限地延长.

(3) 以任意一点为中心, 可以用任意的长度为半径作圆.

(4) 所有的直角都相等.

(5) 如果两条直线被第三条直线所截,在截线一侧的两个同侧内角之和小于两个直角,那么这两条直线在这一侧无止境地延长之后,一定会相交.

上面的第 5 条可以用另外一种形式来叙述:"过直线外一已知点,能且只能作一条直线与已知直线平行."这就是著名的第五公设,也称平行公设.它还等价于一个极为简短的命题:"三角形内角和等于 180°".

问题就出在第五公设上.人们发现:在长达十三卷的《几何原本》中,唯独第五公设用得最少,只有命题 29 直接用到了它.于是不少人怀疑这条公设是多余的,就试图用前四条公设来推证第五公设.在长达两千年的漫长岁月里,人们为"推证"第五公设进行了不懈的努力,然而一个又一个都失败了.就连法国著名数学家勒让德也不例外.最后,人们不得不承认:第五公设是必须要有的,它不可能被前四个公设所推证.最富戏剧性的一幕是,匈牙利数学家鲍耶(F. Bolyai,1775—1856)以毕生时间试图证明第五公设可被推证但却一无所获,他告诫儿子说:"不要投身于那些吞噬自己智慧、精力和心血的无底洞之中."

就在老鲍耶告诫小鲍耶的同时,俄国数学家罗巴切夫斯基(Лобачевский,1792—1856)在 1823 年写成了《虚几何学》一书.他用了另外一条平行公理:"过直线外一已知点,至少可作两条直线与已知直线平行"去替代欧氏几何的第五公设,建立了一个与欧氏几何同样严谨的新的几何学体系,这就是罗巴切夫斯基几何学,简称罗氏几何学.

法国数学家庞斯莱(Poncelet,1788—1867)构造了一个几何模型,能帮助我们更直观地了解什么是罗氏几何学.

我们把圆心在直线 l 上,且落在 l 的上半平面的半圆当成"直线".显然,过任意两点能确定一条"直线".若两个半圆在 l 的上半平面内没有交点,则称这两条"直线"是"平行"的.

在图 41.1 中,过"直线 a"外一点 P,至少可以作两条"直线 b 和 c"与"直线 a"平行.图 41.2 中的阴影部分是由 A,B,C 三点所确定的"三角形",这样的"三角形"的内角和小于 180°.

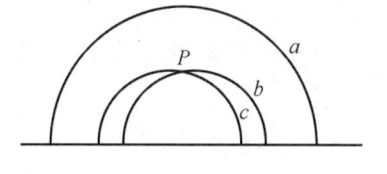

图 41.1

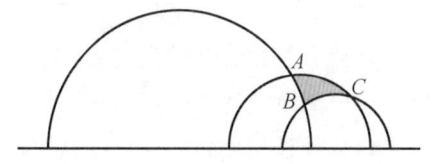

图 41.2

在罗巴切夫斯基提出罗氏几何的 31 年后,1854 年,德国数学家黎曼发表了著名的论文《关于几何基础的假设》,针对欧氏几何和罗氏几何的平行公设,另外提出了自己的公设:"在一个平面上过直线外一点的所有直线都与这条直线相交."并由此推出了"三角形的内角和大于 180°"的结论.

黎曼的这一平行公设,继罗巴切夫斯基的平行公设之后,再一次震惊了国际数坛.1868 年,也就是黎曼逝世的第三年,意大利数学家贝尔特拉米(Beltrami,1835—1900)给出了一个几何解释,即把黎曼公设中的"平面"看成欧氏几何中的球面,如图 41.3 所示.因此,过"直线"外任一点都不能作与已知"直线"平行的"直线".

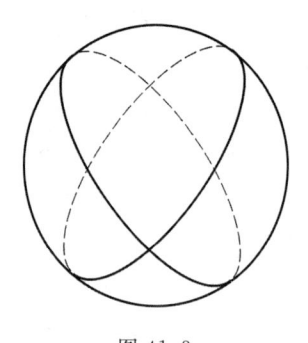

图 41.3

由黎曼建立的这一套严密的几何学,就叫作"黎曼几何学".近代,黎氏几何在广义相对理论中得到了重要的运用.不仅如此,它在现代数学的许多领域都有广泛的应用.

罗氏几何与黎氏几何统称为非欧几何.它们同欧氏几何一起,又被人们称为几何王国的"孪生三姐妹",格外受到人们的青睐.

第 42 节 并不模糊的模糊数学

数学历来以精确、严密著称.数学的领地被人视为精确思维的王国.千百年来,人们利用精确数学来描述自然界的现象与规律,获得了极大的成功.例如,载人宇宙飞船能准确地进入太空,按预定轨道飞行,并安全地返回地面,这些都离不开精密计算.高楼大厦平地而起,长江大桥飞架南北,高铁和高速公路四通八达,这些如若没有精确的计算都是做不到的.

大千世界,纷繁复杂,需要解决的问题实在是太多了.实际上,精确数学并不能解决所有的问题.在一些模糊现象面前,精确数学显得十分无力.比如,某天你偶然遇到了多年不见的老同学,尽管他(她)现在长高了,相貌也有较大的变化,但你能一眼把他(她)认出来.这是什么道理呢? 因为大脑有一种功能,它能判别和处理模糊信息,并从中得出具有一定精确度的结论.

1965 年,美国工程科学院院士、自动化控制专家扎德(Zadeh,1921—2017)是第一个提出"模糊集合"概念的科学家,为模糊数学奠定了基础,由此模糊数学正式诞生.他说过一句很精辟的话:"所面对的系统越复杂,人们对它进行有意义的精确能力就越低."他还生动地举了一个停车的例子:要在拥挤的停车场中两辆汽车的空隙停放一辆汽车,这对于有经验的司机来说,并不是一件难事.但如果通过微分方程表示汽车的运动,再装备精良的检测设备,用一台大型计算机也难以胜任这一工作.

中国科学院院士刘应明(1940—2016)教授说:"今天天气不错这句话是模糊的,你可以根据这句话就放心出门.但如果精确地告诉你,今天的气压是多少,风力有多大,紫外线强度有多少时,你可能就无法判断自己是否应该出门."

中国人在炒菜时就是利用大脑对模糊信息进行处理的一个例子.炒菜的人不可能用温度计来测量炒锅温度是多少,也不可能去称放了多少菜,多少油和多少盐.如果什么事情都要精确,那么你将寸步难行.

要使电子计算机能够模仿人脑,对复杂系统进行识别和判断,出路在哪里呢? 扎德认为,在极度的复杂性面前,应从精度方面"后退"一步.于是,他提出了"模糊"概念,利用隶属函数使模糊概念数学化.

为了说清楚什么是模糊集合,就要从普通集合概念说起.

普通集合是一个不加定义的概念,它是指那些确定的、能够彼此区分的事物所汇集的整体.也就是说,由具有某种特定属性的对象的全体构成一个集合.例如,$1\sim100$ 以内所有的质数,我国从 1991 到 2021 年内所发射的人造卫星,方程 $x^2+5x-14=0$ 的实数根等都是集合.集合中的对象叫作集合的元素.同一个集合的元素都具有某种共同的性质.我们可以根据这个性质来判定某一讨论范围内的事物是否属于该集合.讨论的范围,也就是被讨论的全体对象,叫作论域.

普通集合有一个最基本的特性,那就是:对于给定的集合 A,论域中的任意元素 x 要么属于 A,记为 $x\in A$;要么不属于 A,记为 $x\notin A$,二者必居其一.这里没有模棱两可的情况.这就把事物的类属和性态分成两种情况,要么是属于,记为 1;要么是不属于,记为 0.于是,普通集合可用下面的特征函数表示

$$A(x)=\begin{cases}1,x\in A\\0,x\notin A\end{cases}$$

用普通集合来描述模糊的现象并不是高明的事情,有时会弄得人们啼笑皆

数苑漫步

非.比如,一个刚满 60 岁的人和年龄为 100 岁的人都是"老年人"集合的元素.
这两个人相差 40 岁,但却属于同一年龄段,而那些不满 60 岁的人,哪怕是 59
岁的人和 1 岁的小朋友都不算老年人,而算"年轻人",这分法是不是太绝对化
了呢?

模糊集合就能解决与之类似的问题.在模糊集合中,把特征函数的取值范
围从"0 和 1"扩大到从"0 到 1".0 到 1 是指大于或等于 0 且小于或等于 1 的任
意实数值.这样做的好处是:第一,它并不与普通集合的规定相矛盾,当 $x=0$
时,仍表示 x 绝对不属于该集合,当 $x=1$ 时,仍表示 x 绝对属于该集合.第二,
它扩大了普通集合规定的范围,当 $0<x<1$ 时,表示 x 相对地属于或不属于该
集合.

为了区别模糊集合与普通集合,我们把模糊集合的特征函数称为隶属函
数,记为 $\mu_{\underset{\sim}{A}}(x)$.它表示元素 x 属于模糊集合 $\underset{\sim}{A}$ 的程度,简称隶属度.

还是以老年人为例.根据统计资料,可以按某人属于"老年人"集合来设计
一个隶属函数,如下所示

$$\mu_{\underset{\sim}{A}}(x)=\frac{1}{1+\left(\dfrac{5}{x-5}\right)^{2}} \quad (x\geqslant 60)$$

经过计算得:

当 $x=55$ 时,隶属度为 0.500 0.

当 $x=60$ 时,隶属度为 0.800 0.

当 $x=70$ 时,隶属度为 0.941 1.

当 $x=80$ 时,隶属度为 0.972 9.

当 $x=90$ 时,隶属度为 0.984 6.

当 $x=100$ 时,隶属度为 0.990 0.

结果表明,55 岁的人可以算作"半老",因为他属于"老年人"集合的程度只
有 0.5.而 60 岁到 100 岁的人,他们属于"老年人"集合的程度有明显的差距,
前者只有 0.8,而后者达到 0.99.

当然,这个公式在确定模糊集合隶属函数时具有一定的主观性,通常是由
经验和实验统计而定的,故仍具有相当的适用性.

在精确数学中,"很""不"等词是很难用数量加以描述的.但在模糊数学中,
可以对这些形容词进行量化处理.例如,"很"表示隶属度的平方,"不"则表示用
1 减去原隶属度.如果 30 岁属于"年轻"的隶属度为 0.5,那么"很年轻"的隶属
度只有 $(0.5)^{2}=0.25$,而"不很年轻"的隶属度为 $1-(0.5)^{2}=0.75$.这个过程实

际上是对模糊集合进行运算.可见,"模糊数学"实际上并不模糊!

模糊数学自 1965 年诞生以来,它的理论和应用得到了迅速发展.它已涉及自然科学、社会科学和思维科学等诸多领域.例如,用模糊数学的模型来编制程序;让计算机模拟人脑的思维活动。这些已经在文字识别、疾病诊断、气象预报、大气测评、庄稼收成等方面获得成功.1990 年春,国外应用模糊原理,研制并推出首批家用电器.市场上开始出现大量的模糊消费产品.空调、电冰箱、洗衣机、洗碗机等家用电器中已广泛使用模糊控制技术.我国也在杭州生产了第一台模糊洗衣机.

1976 年,模糊数学传入我国,之后得到了迅速发展.1980 年成立了模糊数学与模糊系统学会,1981 年创办了《模糊数学》杂志,1987 年创办了《模糊系统学会》杂志.1986 年,中国系统工程学会模糊数学与模糊系统委员会以国际模糊系统协会中国分会的名义正式加入 IFSA,作为团体会员.2005 年元月,我国数学家刘应明院士被国际模糊系统协会授予"Fuzzy Fellow 奖",这是模糊数学领域的最高奖项.同年 7 月,国际模糊系统学会会议在清华大学召开.

目前,模糊数学尚未进入成熟阶段.因为,经典数学历经了一代又一代数学家的建构,已经把现代数学的大厦建造得尽乎完美的地步.与此相比,诞生仅半个多世纪的模糊理论尚处于牙牙学语的阶段,还没有成熟的章法可循.

"坚冰已经打破,航线已经开通,道路已经指明."模糊数学的研究和应用,充满着光明的前景.

第 43 节　从算盘到电子计算机

在现代社会,电子计算机已经被广泛地应用到社会的各个领域,成为人类的亲密朋友.从计算器到平板电脑,再到台式电脑以及聪明能干的机器人,在日常生活及社会生产中起着不可替代的巨大作用.

随着移动互联网的发展,数字蜂窝网络技术从 4G 发展到 5G,网络数据传输更快,网络延迟更短,不仅仅服务于手机,而且还服务于家庭和办公,以及生产、生活的方方面面.例如,实现万物互联、无人驾驶汽车和家庭生活机器人等.

那么电子计算机是怎样诞生的呢? 这就要从中国古代的计算器——算盘谈起.

自有人类以来,处处离不开计算.为了使计算迅速、方便和准确,就需要计算工具.历史上,各个民族的计算工具多种多样.其中产生于我国的算盘堪称

数苑漫步

"绝妙的计算器".

算盘有许多优点,包括制作简单,经久耐用,用它做四则运算既方便又快捷,其中用算盘做加减法甚至可以与电子计算器相比.

有关算盘的记载,最早的大约是元末清初陶宗仪(1329—约1412,浙江台州人)所著的《南村辍耕录》(1366),在早期的数学书籍中,明代数学家程大位的《直指算法统宗》,对用算盘进行珠算的方法与技巧介绍得最为丰富和完整,流传也最广.

在中国盛行珠算的同时,西方对如何利用机械进行运算也开始了系统的研究.1623年,法国人什卡尔受钟表齿轮传动装置的启示,设计了一种计算器,可惜样机尚未完成就被烧毁了.1642年,19岁的法国数学家帕斯卡发明了手摇计算器.这种计算器利用一系列的齿轮转动,可以做加减法运算,是世界上第一台机械数字计算机.目前世界各地的博物馆仍保存着5台这种计算器.1667年,德国数学家莱布尼兹改进了帕斯卡的计算器,使它不仅能做加减法,还能做乘除法,这已十分接近现代的计算机了.但这种机械计算机,以及经过改进出现的电动计算机,都有一个共同的致命弱点,那就是利用齿轮转动进行计算,因此限制了运算速度,终究被淘汰了.

19世纪,英国数学家拜比吉(Babbage,1792—1871)研究并设计了用穿孔卡片来控制计算机的问题.他的这一想法无疑是在前人的基础上大大前进了一步.但由于受当时技术水平的限制,他费了九牛二虎之力做出来的机器模型始终运转不起来,最后这些模型被送到了英国肯辛顿博物馆.1890年,根据拜比吉的想法制造的第一台程序控制的计算机,终于在美国制造成功了.20世纪40年代,这种计算机已经发展到相当的水平.如美国的MarkII计算机只要0.4秒就能计算10位数字的乘法,比台式计算机快25~40倍.但由于它还只是电动机机械装置,而不是电子装置,所以计算速度仍然不高.

1946年2月,在冯·诺伊曼等人的努力下,世界上第一台电子数字计算机埃尼阿克在美国宾夕法尼亚州诞生.它由电子管构成,每秒能做5 000次运算,运算速度比以前的计算机有了大幅度提高.可是,这是一个重达30吨的庞然大物,占地面积170平方米,而且在解不同的题目时,运算人员要像搭积木一样,把机器的各个部分重新布局.可想而知,用它进行计算的确十分不便.

自第一台电子计算机诞生后的数十年以来,随着科学技术的全面发展,电子计算机取得了突飞猛进的进展.从电子管时代,到晶体管时代,再到集成电路时代,如今已经发展到超大规模微型集成电路时代,以及多媒体网络时代.

大约起始于20世纪四五十年代的第三次工业革命,其核心是电子计算机的广泛应用,而国际互联网是人类历史发展中的又一个里程碑,由此人类进入信息化社会.

第44节　数学史上的三次数学危机

在数学发展的过程中,人的认识是不断深化的.在各个历史阶段,人的认识又有一定的局限性和相对性.当一种"反常"现象用当时的数学理论解释不了,而因此阻碍着数学的发展时,我们就说数学发生了危机.

在历史上,数学曾发生过三次危机.这三次危机,从产生到消除经历的时间各不相同,但都极大地推动了数学的发展,成为数学史上的佳话.

第一次数学危机产生于公元前 5 世纪.那时,古希腊的毕达哥拉斯学派发现:正方形的边与对角线是不可通约的.现在称为毕达哥拉斯悖论.

"悖论"这一术语,许多中小学生恐怕是第一次见到.所谓悖论,就是指自相矛盾的荒谬的结论.

今天看来,两条线段不可通约是数学中常见的合理现象,它不过表明这两条线段之间的比是一个无理数而已.可是,当时的古希腊人怎么会认识到这一点呢? 在他们眼中,各种事物的许多物理的、化学的、生物的性质都可能发生改变,唯独其数量性质是不会变的! 他们认为:万物都包含着数,万数都是数,而数只有两种,那就是自然数和可通约的数.所以,不可通约的数是不可思议的!

那一次数学危机持续了两千多年. 19 世纪,数学家哈密顿、梅雷(Melay)、戴德金、海涅(Heine,1821—1881)、博雷尔、康托尔和魏尔斯特拉斯等正式研究了无理数,给出了无理数的严格定义,提出了一个含有有理数和无理数的新的数类——实数,并建立了完整的实数理论.这样,就完全消除了第一次数学危机.

第二次数学危机是因发现微积分方法而产生的. 17 世纪,牛顿和莱布尼兹首创微积分.这时的微积分只有方法,没有严密的理论作为基础,有许多地方还有漏洞,不能自圆其说.例如,牛顿当时是这样求函数 $y=x^n$ 的导数的:

先把 x 变成 $x+\Delta x$,那么 x^n 就为

$$(x+\Delta x)^n = x^n + nx^{n-1} \cdot \Delta x + \frac{n(n-1)}{2} \cdot x^{n-1} \cdot (\Delta x)^2 + \cdots + nx \cdot (\Delta x)^{n-1} + (\Delta x)^n$$

然后用函数的增量 Δy 除以自变量的增量 Δx,得

数苑漫步

$$\frac{\Delta y}{\Delta x} = \frac{(x+\Delta x)^n - x^n}{\Delta x} = nx^{n-1} + \frac{n(n-1)}{2} \cdot x^{n-2} \cdot \Delta x + \cdots +$$
$$nx \cdot (\Delta x)^{n-2} + (\Delta x)^{n-1}$$

最后,除去所有含 Δx 的项,就得到函数 $y=x^n$ 的导数为 nx^{n-1}.

哲学家以眼光锐利、思维缜密而著称. 贝克莱(Berkeley,1685—1753)就是这样的哲学家. 他一针见血地指出:先以 Δx 为除数,说明 Δx 不等于零,后来又除去所有含 Δx 的项,可见 Δx 等于零,这岂不自相矛盾吗? 他认为:Δx 既不等于零,又等于零,招之即来,挥之即去,如此荒谬. 这就是著名的贝克莱悖论. 由此引起数学界甚至哲学界长达一个半世纪的争论,导致了第二次数学危机.

现在我们知道,自变量的增量 Δx 是一个无穷小量,而贝克莱悖论的出现,使得数学家们不得不认真地对待"无穷小量",设法克服由此引起的思维上的混乱.

19 世纪,许多数学家投入到这一工作中,其中柯西和魏尔斯特拉斯的贡献最为突出. 1821 年,柯西建立了极限理论,提出了"无穷小量是以零为极限但永远不为零的变量",魏尔斯特拉斯又做了进一步的改进,终于消除了贝克莱悖论. 把微积分建立在坚实的极限理论之上,从而结束了第二次数学危机.

第二次数学危机的解除与第一次数学危机的解除实际上是密不可分的. 为解决微积分的基础问题,必须建立严密的无理数定义以及完整的实数理论. 有了实数理论,再加上柯西和魏尔斯特拉斯的极限理论,第一及第二次数学危机就相继消除了.

一波未平,又起一波. 前两次数学危机解决后不到 20 年,又卷起了第三次数学危机的轩然大波.

19 世纪末和 20 世纪初,德国数学家康托尔创立了集合论,初衷是为整个数学大厦奠定坚实的基础. 正当人们为集合论的迅速发展而欣然自慰时,出现了一连串的数学悖论,令数学家们感到不安. 其中,英国数学家罗素(Russell,1872—1970)于 1902 年提出的"罗素悖论"影响最大.

罗素构造了一个集合:$B=\{x \mid x \notin x\}$,也就是说,把一切不以自身为元素的集合 x 作为元素,这样构成的集合记为 B,罗素问道:B 是否属于 B?

回答试试看!

若 $B \in B$,即 B 是 B 的元素,则 B 应满足集合 B 中元素的条件,即 $B \notin B$.

若 $B \notin B$,则 B 已符合作为集合 B 元素的条件,于是有 $B \in B$.

真奇怪! 无论哪一种情况,都使我们陷入进退两难的尴尬局面.

罗素悖论的出现,震撼了整个数学界. 本应作为全部数学之基础的集合论,

161

居然出现了"内耗"！怎么办？数学家们立即投入到消除悖论的工作中.庆幸的是,产生罗素悖论的根源很快便找到了！原来,康托尔在提出集合论时对"集合"没有做必要的限制,以至于可以构成"一切集合的集合"这种过大的集合,让罗素这样的"好事者"钻了空子.

怎样从根本上消除集合论中出现的各种悖论(包括罗素悖论)呢？

德国数学家策梅洛(Zermelo,1871—1953)认为:适当的公理体系可以限制集合的概念,从逻辑上保证集合的纯粹性.经过策梅洛、弗伦克尔(Fraenkel)和冯·诺伊曼的努力,形成了一个完整的集合论公理体系,称为 ZFC 系统.

在 ZFC 系统中,"集合"和"属于"是两个不加定义的原始概念,另外还有十条公理.ZFC 系统的建立,不仅消除了罗素悖论,而且还消除了集合论中的其他悖论.第三次数学危机也随之销声匿迹了.

纵观三次数学危机,每次都有一两个典型的悖论作为代表,克服了这些悖论,也就推动了数学的长足发展.

经历过三次数学危机的数学界,是否从此与数学危机"绝缘"了呢？不！我国当代著名的数学家徐利治教授说了一段很有见地的话,他说:

> 由于人的认识在各个历史阶段中的局限性和相对性,在人类认识的各个历史阶段所形成的各个理论系统中,本来就具有产生悖论的可能性,但在人类认识世界的深化过程中同样具备排除悖论的可能性和现实性.人类认识世界的深化没有终结,悖论的产生和排除也没有终结.

参考文献

[1] 刘凤林,李俊.浅谈数学符号[J].《数学通报》,1986,3;27-30.

[2] 王永建.数学的起源与发展[M].南京:江苏人民出版社,1981.

[3] 张奠宇,张瑞谨.原理集[M].北京:科学普及出版社,1988.

[4] 韦化诚等.学数学奥林匹克竞赛解题指导[M].重庆:重庆出版社,1997.

[5] G.盖莫夫,暴永宁.从一到无穷大[M].北京:科学出版社,1978.

[6] 中国数学会上海分会中学数学研究委员会.无理数与分式[M].上海:新知识出版社,1956.

[7] 唐复苏.有理数与无理数[M].南京:江苏人民出版社,1979.

[8] 余文希.数的概念[M].上海:上海教育出版社,1967.

[9] 张顺燕.复数、复函数及其应用[M].长沙:湖南教育出版社,1993.

[10] 朱道生,周春荔等.数学分支巡礼[M].北京:中国青年出版社,1983.

[11] 陈省身.怎样把中国建为数学大国?[J].数学通报,1991(5);5.

[12] 龚昇.从刘徽割圆谈起[M].北京:人民教育出版社,1964.

[13] 许莼舫.中算家的几何学研究[M].北京:中国青年出版社,1952.

[14] 黄汉平.迎战难题的阿贝尔[J].数学通报,1986(10);41.

[15] 王元.华罗庚[M].北京:开明出版社,1994.

[16] 王伯钧等.谈天说地话数学[M].成都:四川教育出版社,1992.

[17] 金祖孟.地球概论[M].北京:高等教育出版社,1997.

[18] 李俨.杜石然.中国古代数学简史[M].北京:中华书局出版社,1964.

[19] 华罗庚.从杨辉三角谈起[M].北京:人民教育出版社,1964.

[20] 蒋省吾.杨辉三角中的行列式[J].衡阳师专学报(自然科学),1987(2);32-37.

[21] 陈友信.张峰荣."杨辉三角"中的矩阵的逆矩阵[J].数学通报,1993(10);5.

[22] 万哲先.二项系数和Gauss系数[J].数学通报,1994(10);2.

[23] 肖果能,邓国栋.高等数学中的初等数学基础[M].长沙:湖南教育出版社,2018.

[24] 王方汉.平面闭折线的环数[J].数学通报,1996,3;22-25.

［25］熊曾润.平面闭折线趣探［M］.北京:中国工人出版社,2002.

［26］熊曾润,曾建国.趣谈闭折线的 k 号心［M］.南昌:江西高校出版社,2006.

［27］王方汉.五角星・星形・平面闭折线［M］.武汉:华中师范大学出版社,2008.

［28］王方汉.星形大观及闭折线论［M］.哈尔滨:哈尔滨工业大学出版社,2019.

［29］谈柏祥.神奇的"缺 8 数"［M］.南方日报,1994-9-7.

［30］王凯成.黑洞数 123 探秘［J］.中学数学教学参考,2017(12):2.

［31］王凯成.黑洞数 153 探秘［J］.中学数学教学参考,2019(10):2.

［32］华罗庚.从祖冲之的圆周率谈起［M］.北京:人民教育出版社,1964.

［33］金祖孟.地球概论［M］.北京:高等教育出版社,1983.

［34］张文忠.整数中的明珠［M］.重庆:西南师范大学出版社,1992.

［35］张奠宙.原理集.北京:科学普及出版社,1988.

［36］中国数学会上海分会.正多边形与圆［M］.上海:新知识出版社,1959.

［37］中国数学会上海分会.勾股定理［M］.上海:新知识出版社,1956.

［38］邹泽龙,何智.ECM 分解费马数 F(7)和 F(8)［J］.信息安全与通信保密,2009(2):4.

［39］何穗,刘敏思,喻小培.实变函数［M］.北京:科学出版社,2006.

［40］唐起汉.黄金分割法最优性的初等证明［J］.中学数学月刊,2003(2):3.

［41］邱树德.斐波那契数列的别证以及它的性质［J］.中学数学教学,1991(3):5.

［42］伏洛别也夫.斐波那契数［M］.上海:开明书店,1953.

［43］陈计.斐波那契三角形［J］.数学通讯,1994(5):41-42.

［44］朱道勋.关于斐波那契数列的恒等式及其推广［J］.驻马店师专学报,1993(4):15-16.

［45］胡家齐,武自顺.中学数学辞典［M］.西安:陕西科学技术出版社,1982.

［46］李毓佩.奇妙的曲线［M］.北京:中国少年儿童出版社,1979.

［47］任初农.任意阶幻方优化构造及其证明［J］.数学通讯:教师阅读,1993(8):6.

［48］戴世虎.尤兆桢.谈谈幻方的作图［J］.湖南数学通讯,1992(3):37-38,23.

［49］何超,何建勋.奇阶中心对称幻方的 de la Loubere 构造方法的证明［J］.湖北大学学报(自然科学版),1997.19(2):5.

［50］CRILLY T.你不可不知的 50 个数学知识［M］.北京:人民邮电出版社,2010.

［51］沙基昌,沙基清.组合数学［M］.长沙:湖南教育出版社,1994.

［52］董伯恩,戈汕.重刊燕几图·蝶几谱(附匡几图)［M］.上海:上海科学技术出版社,1984.

［53］许莼舫.中国几何故事.3版.北京:中国青年出版社,1965.

［54］曹希斌,钱颂光.关于七巧板的数学问题［J］.自然杂志,1990(4):5.

［55］徐庄,傅起凤.七巧世界［M］.北京:大众文艺出版社,2002.

［56］杨之.初等数学研究的问题与课题［M］.长沙:湖南教育出版社,1993.

［57］张远南.未知中的已知:方程的故事［M］.上海:上海科学普及出版社,1988.

［58］严士健.数学教育应为面向21世纪而努力［J］.数学通报,1994(11):2.

［59］米道生.数学分支巡礼［M］.北京:中国青年出版社,1983.

［60］张景中.把高等数学变得更容易(续)［J］.高等数学研究,2018,11(2):5.

［61］乔治·波利亚.数学和发现［M］.欧阳绛,译.北京:科学出版社,1982.

［62］施坦因豪斯.数学万花镜［M］.裘光明,译.上海:上海教育出版社,1981.

［63］钱昌本.关于"名著疏漏"的正误建议［J］.中学数学研究(华南师范大学):上半月,2006(3):1.

［64］单墫.读《名著的疏漏》［J］.中学数学研究(华南师范大学):上半月,2006(3):1.

［65］沈康身.数学的魅力.一［M］.上海:上海辞书出版社,2004.

［66］董仁扬.摘取数学明珠［M］.成都:四川科学技术出版社,2004.

［67］T.帕帕斯.数学趣闻集锦:上册［M］.上海:上海教育出版社,1998.

［68］蒋声.几何变换［M］.上海:上海教育出版社出版,1981.

［69］江泽涵.多面体的欧拉定理和闭曲线的拓扑分类［M］.北京:人民教育出版社,1964.

［70］姜伯驹.一笔画和邮递路线问题［M］.北京:人民教育出版社,1964.

［71］柯浦.关于地图着色问题［J］.数学教研:数学版,1983(4):3.

［72］刘维翰.平面的凸五边形铺砌问题［J］.自然杂志,1986(5):45-50.

［73］张远南.否定中的肯定——逻辑的故事［M］.上海:上海科学普及出版社,1989.

［74］许华棋.模糊数学与中学数学教学［J］.数学通报,1992(6):4.

［75］张远南.偶然中的必然——概率的故事［M］.上海:上海科学技术出版社,1988.

［76］张文修,王国俊,刘旺金.模糊数学引论［M］.西安:西安交通大学出版社,1991.

［77］王方汉.历史上的三次数学危机［J］.数学通报,2002(5):42-43.

刘培杰数学工作室
已出版(即将出版)图书目录——初等数学

书　名	出版时间	定　价	编号
新编中学数学解题方法全书(高中版)上卷(第2版)	2018—08	58.00	951
新编中学数学解题方法全书(高中版)中卷(第2版)	2018—08	68.00	952
新编中学数学解题方法全书(高中版)下卷(一)(第2版)	2018—08	58.00	953
新编中学数学解题方法全书(高中版)下卷(二)(第2版)	2018—08	58.00	954
新编中学数学解题方法全书(高中版)下卷(三)(第2版)	2018—08	68.00	955
新编中学数学解题方法全书(初中版)上卷	2008—01	28.00	29
新编中学数学解题方法全书(初中版)中卷	2010—07	38.00	75
新编中学数学解题方法全书(高考复习卷)	2010—01	48.00	67
新编中学数学解题方法全书(高考真题卷)	2010—01	38.00	62
新编中学数学解题方法全书(高考精华卷)	2011—03	68.00	118
新编平面解析几何解题方法全书(专题讲座卷)	2010—01	18.00	61
新编中学数学解题方法全书(自主招生卷)	2013—08	88.00	261
数学奥林匹克与数学文化(第一辑)	2006—05	48.00	4
数学奥林匹克与数学文化(第二辑)(竞赛卷)	2008—01	48.00	19
数学奥林匹克与数学文化(第二辑)(文化卷)	2008—07	58.00	36'
数学奥林匹克与数学文化(第三辑)(竞赛卷)	2010—01	48.00	59
数学奥林匹克与数学文化(第四辑)(竞赛卷)	2011—08	58.00	87
数学奥林匹克与数学文化(第五辑)	2015—06	98.00	370
世界著名平面几何经典著作钩沉——几何作图专题卷(共3卷)	2022—01	198.00	1460
世界著名平面几何经典著作钩沉(民国平面几何老课本)	2011—03	38.00	113
世界著名平面几何经典著作钩沉(建国初期平面三角老课本)	2015—08	38.00	507
世界著名解析几何经典著作钩沉——平面解析几何卷	2014—01	38.00	264
世界著名数论经典著作钩沉(算术卷)	2012—01	28.00	125
世界著名数学经典著作钩沉——立体几何卷	2011—02	28.00	88
世界著名三角学经典著作钩沉(平面三角卷Ⅰ)	2010—06	28.00	69
世界著名三角学经典著作钩沉(平面三角卷Ⅱ)	2011—01	38.00	78
世界著名初等数论经典著作钩沉(理论和实用算术卷)	2011—07	38.00	126
世界著名几何经典著作钩沉(解析几何卷)	2022—10	68.00	1564
发展你的空间想象力(第3版)	2021—01	98.00	1464
空间想象力进阶	2019—05	68.00	1062
走向国际数学奥林匹克的平面几何试题诠释.第1卷	2019—07	88.00	1043
走向国际数学奥林匹克的平面几何试题诠释.第2卷	2019—09	78.00	1044
走向国际数学奥林匹克的平面几何试题诠释.第3卷	2019—03	78.00	1045
走向国际数学奥林匹克的平面几何试题诠释.第4卷	2019—09	98.00	1046
平面几何证明方法全书	2007—08	35.00	1
平面几何证明方法全书习题解答(第2版)	2006—12	18.00	10
平面几何天天练上卷·基础篇(直线型)	2013—01	58.00	208
平面几何天天练中卷·基础篇(涉及圆)	2013—01	28.00	234
平面几何天天练下卷·提高篇	2013—01	58.00	237
平面几何专题研究	2013—07	98.00	258
平面几何解题之道.第1卷	2022—05	38.00	1494
几何学习题集	2020—10	48.00	1217
通过解题学习代数几何	2021—04	88.00	1301
圆锥曲线的奥秘	2022—06	88.00	1541

刘培杰数学工作室

已出版(即将出版)图书目录——初等数学

书　名	出版时间	定　价	编号
最新世界各国数学奥林匹克中的平面几何试题	2007—09	38.00	14
数学竞赛平面几何典型题及新颖解	2010—07	48.00	74
初等数学复习及研究(平面几何)	2008—09	68.00	38
初等数学复习及研究(立体几何)	2010—06	38.00	71
初等数学复习及研究(平面几何)习题解答	2009—01	58.00	42
几何学教程(平面几何卷)	2011—03	68.00	90
几何学教程(立体几何卷)	2011—07	68.00	130
几何变换与几何证题	2010—06	88.00	70
计算方法与几何证题	2011—06	28.00	129
立体几何技巧与方法(第2版)	2022—10	168.00	1572
几何瑰宝——平面几何500名题暨1500条定理(上、下)	2021—07	168.00	1358
三角形的解法与应用	2012—07	18.00	183
近代的三角形几何学	2012—07	48.00	184
一般折线几何学	2015—08	48.00	503
三角形的五心	2009—06	28.00	51
三角形的六心及其应用	2015—10	68.00	542
三角形趣谈	2012—08	28.00	212
解三角形	2014—01	28.00	265
探秘三角形:一次数学旅行	2021—10	68.00	1387
三角学专门教程	2014—09	28.00	387
图天下几何新题试卷.初中(第2版)	2017—11	58.00	855
圆锥曲线习题集(上册)	2013—06	68.00	255
圆锥曲线习题集(中册)	2015—01	78.00	434
圆锥曲线习题集(下册·第1卷)	2016—10	78.00	683
圆锥曲线习题集(下册·第2卷)	2018—01	98.00	853
圆锥曲线习题集(下册·第3卷)	2019—10	128.00	1113
圆锥曲线的思想方法	2021—08	48.00	1379
圆锥曲线的八个主要问题	2021—10	48.00	1415
论九点圆	2015—05	88.00	645
近代欧氏几何学	2012—03	48.00	162
罗巴切夫斯基几何学及几何基础概要	2012—07	28.00	188
罗巴切夫斯基几何学初步	2015—06	28.00	474
用三角、解析几何、复数、向量计算解数学竞赛几何题	2015—03	48.00	455
用解析法研究圆锥曲线的几何理论	2022—05	48.00	1495
美国中学几何教程	2015—04	88.00	458
三线坐标与三角形特征点	2015—04	98.00	460
坐标几何学基础.第1卷,笛卡儿坐标	2021—08	48.00	1398
坐标几何学基础.第2卷,三线坐标	2021—09	28.00	1399
平面解析几何方法与研究(第1卷)	2015—05	18.00	471
平面解析几何方法与研究(第2卷)	2015—06	18.00	472
平面解析几何方法与研究(第3卷)	2015—07	18.00	473
解析几何研究	2015—01	38.00	425
解析几何学教程.上	2016—01	38.00	574
解析几何学教程.下	2016—01	38.00	575
几何学基础	2016—01	58.00	581
初等几何研究	2015—02	58.00	444
十九和二十世纪欧氏几何学中的片段	2017—01	58.00	696
平面几何中考.高考.奥数一本通	2017—07	28.00	820
几何学简史	2017—08	28.00	833
四面体	2018—01	48.00	880
平面几何证明方法思路	2018—12	68.00	913
折纸中的几何练习	2022—09	48.00	1559
中学新几何学(英文)	2022—10	98.00	1562
线性代数与几何	2023—04	68.00	1633
四面体几何学引论	2023—06	68.00	1648

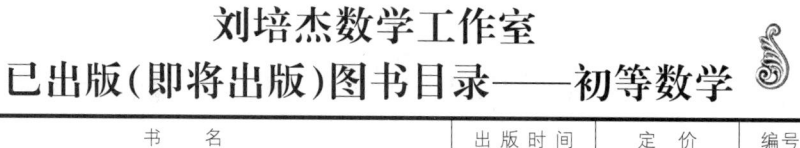
书　名	出版时间	定　价	编号
平面几何图形特性新析.上篇	2019—01	68.00	911
平面几何图形特性新析.下篇	2018—06	88.00	912
平面几何范例多解探究.上篇	2018—04	48.00	910
平面几何范例多解探究.下篇	2018—12	68.00	914
从分析解题过程学解题:竞赛中的几何问题研究	2018—07	68.00	946
从分析解题过程学解题:竞赛中的向量几何与不等式研究(全2册)	2019—06	138.00	1090
从分析解题过程学解题:竞赛中的不等式问题	2021—01	48.00	1249
二维、三维欧氏几何的对偶原理	2018—12	38.00	990
星形大观及闭折线论	2019—03	68.00	1020
立体几何的问题和方法	2019—11	58.00	1127
三角代换论	2021—05	58.00	1313
俄罗斯平面几何问题集	2009—08	88.00	55
俄罗斯立体几何问题集	2014—03	58.00	283
俄罗斯几何大师——沙雷金论数学及其他	2014—01	48.00	271
来自俄罗斯的5000道几何习题及解答	2011—03	58.00	89
俄罗斯初等数学问题集	2012—05	38.00	177
俄罗斯函数问题集	2011—03	38.00	103
俄罗斯组合分析问题集	2011—01	48.00	79
俄罗斯初等数学万题选——三角卷	2012—11	38.00	222
俄罗斯初等数学万题选——代数卷	2013—08	68.00	225
俄罗斯初等数学万题选——几何卷	2014—01	68.00	226
俄罗斯《量子》杂志数学征解问题100题选	2018—08	48.00	969
俄罗斯《量子》杂志数学征解问题又100题选	2018—08	48.00	970
俄罗斯《量子》杂志数学征解问题	2020—05	48.00	1138
463个俄罗斯几何老问题	2012—01	28.00	152
《量子》数学短文精粹	2018—09	38.00	972
用三角、解析几何等计算解来自俄罗斯的几何题	2019—11	88.00	1119
基谢廖夫平面几何	2022—01	48.00	1461
基谢廖夫立体几何	2023—04	48.00	1599
数学:代数、数学分析和几何(10—11年级)	2021—01	48.00	1250
直观几何学:5—6年级	2022—04	58.00	1508
几何学:第2版.7—9年级	2023—08	68.00	1684
平面几何:9—11年级	2022—10	48.00	1571
立体几何.10—11年级	2022—01	58.00	1472

谈谈素数	2011—03	18.00	91
平方和	2011—03	18.00	92
整数论	2011—05	38.00	120
从整数谈起	2015—10	28.00	538
数与多项式	2016—01	38.00	558
谈谈不定方程	2011—05	28.00	119
质数漫谈	2022—07	68.00	1529

解析不等式新论	2009—06	68.00	48
建立不等式的方法	2011—03	98.00	104
数学奥林匹克不等式研究(第2版)	2020—07	68.00	1181
不等式研究(第三辑)	2023—08	198.00	1673
不等式的秘密(第一卷)(第2版)	2014—02	38.00	286
不等式的秘密(第二卷)	2014—01	38.00	268
初等不等式的证明方法	2010—06	38.00	123
初等不等式的证明方法(第二版)	2014—11	38.00	407
不等式·理论·方法(基础卷)	2015—07	38.00	496
不等式·理论·方法(经典不等式卷)	2015—07	38.00	497
不等式·理论·方法(特殊类型不等式卷)	2015—07	48.00	498
不等式探究	2016—03	38.00	582
不等式探秘	2017—01	88.00	689
四面体不等式	2017—01	68.00	715
数学奥林匹克中常见重要不等式	2017—09	38.00	845

刘培杰数学工作室
已出版(即将出版)图书目录——初等数学

书 名	出版时间	定价	编号
三正弦不等式	2018—09	98.00	974
函数方程与不等式:解法与稳定性结果	2019—04	68.00	1058
数学不等式.第1卷,对称多项式不等式	2022—05	78.00	1455
数学不等式.第2卷,对称有理不等式与对称无理不等式	2022—05	88.00	1456
数学不等式.第3卷,循环不等式与非循环不等式	2022—05	88.00	1457
数学不等式.第4卷,Jensen不等式的扩展与加细	2022—05	88.00	1458
数学不等式.第5卷,创建不等式与解不等式的其他方法	2022—05	88.00	1459
不定方程及其应用.上	2018—12	58.00	992
不定方程及其应用.中	2019—01	78.00	993
不定方程及其应用.下	2019—01	98.00	994
Nesbitt不等式加强式的研究	2022—06	128.00	1527
最值定理与分析不等式	2023—02	78.00	1567
一类积分不等式	2023—02	88.00	1579
邦费罗尼不等式及概率应用	2023—05	58.00	1637
同余理论	2012—05	38.00	163
$[x]$与$\{x\}$	2015—04	48.00	476
极值与最值.上卷	2015—06	28.00	486
极值与最值.中卷	2015—06	38.00	487
极值与最值.下卷	2015—06	28.00	488
整数的性质	2012—11	38.00	192
完全平方数及其应用	2015—08	78.00	506
多项式理论	2015—10	88.00	541
奇数、偶数、奇偶分析法	2018—01	98.00	876
历届美国中学生数学竞赛试题及解答(第一卷)1950—1954	2014—07	18.00	277
历届美国中学生数学竞赛试题及解答(第二卷)1955—1959	2014—04	18.00	278
历届美国中学生数学竞赛试题及解答(第三卷)1960—1964	2014—06	18.00	279
历届美国中学生数学竞赛试题及解答(第四卷)1965—1969	2014—04	28.00	280
历届美国中学生数学竞赛试题及解答(第五卷)1970—1972	2014—06	18.00	281
历届美国中学生数学竞赛试题及解答(第六卷)1973—1980	2017—07	18.00	768
历届美国中学生数学竞赛试题及解答(第七卷)1981—1986	2015—01	18.00	424
历届美国中学生数学竞赛试题及解答(第八卷)1987—1990	2017—05	18.00	769
历届中国数学奥林匹克试题集(第3版)	2021—10	58.00	1440
历届加拿大数学奥林匹克试题集	2012—08	38.00	215
历届美国数学奥林匹克试题集	2023—08	98.00	1681
历届波兰数学竞赛试题集.第1卷,1949~1963	2015—03	18.00	453
历届波兰数学竞赛试题集.第2卷,1964~1976	2015—03	18.00	454
历届巴尔干数学奥林匹克试题集	2015—05	38.00	466
保加利亚数学奥林匹克	2014—10	38.00	393
圣彼得堡数学奥林匹克试题集	2015—01	38.00	429
匈牙利奥林匹克数学竞赛题解.第1卷	2016—05	28.00	593
匈牙利奥林匹克数学竞赛题解.第2卷	2016—05	28.00	594
历届美国数学邀请赛试题集(第2版)	2017—10	78.00	851
普林斯顿大学数学竞赛	2016—06	38.00	669
亚太地区数学奥林匹克竞赛题	2015—07	18.00	492
日本历届(初级)广中杯数学竞赛试题及解答.第1卷(2000~2007)	2016—05	28.00	641
日本历届(初级)广中杯数学竞赛试题及解答.第2卷(2008~2015)	2016—05	38.00	642
越南数学奥林匹克题选:1962—2009	2021—07	48.00	1370
360个数学竞赛问题	2016—08	58.00	677
奥数最佳实战题.上卷	2017—06	38.00	760
奥数最佳实战题.下卷	2017—05	58.00	761
哈尔滨市早期中学数学竞赛试题汇编	2016—07	28.00	672
全国高中数学联赛试题及解答:1981—2019(第4版)	2020—07	138.00	1176
2022年全国高中数学联合竞赛模拟题集	2022—06	30.00	1521

刘培杰数学工作室
已出版(即将出版)图书目录——初等数学

书　名	出版时间	定　价	编号
20 世纪 50 年代全国部分城市数学竞赛试题汇编	2017—07	28.00	797
国内外数学竞赛题及精解:2018~2019	2020—08	45.00	1192
国内外数学竞赛题及精解:2019~2020	2021—11	58.00	1439
许康华竞赛优学精选集.第一辑	2018—08	68.00	949
天问叶班数学问题征解 100 题. Ⅰ,2016—2018	2019—05	88.00	1075
天问叶班数学问题征解 100 题. Ⅱ,2017—2019	2020—07	98.00	1177
美国初中数学竞赛:AMC8 准备(共 6 卷)	2019—07	138.00	1089
美国高中数学竞赛:AMC10 准备(共 6 卷)	2019—08	158.00	1105
王连笑教你怎样学数学:高考选择题解题策略与客观题实用训练	2014—01	48.00	262
王连笑教你怎样学数学:高考数学高层次讲座	2015—02	48.00	432
高考数学的理论与实践	2009—08	38.00	53
高考数学核心题型解题方法与技巧	2010—01	28.00	86
高考思维新平台	2014—03	38.00	259
高考数学压轴题解题诀窍(上)(第 2 版)	2018—01	58.00	874
高考数学压轴题解题诀窍(下)(第 2 版)	2018—01	48.00	875
北京市五区文科数学三年高考模拟题详解:2013~2015	2015—08	48.00	500
北京市五区理科数学三年高考模拟题详解:2013~2015	2015—09	68.00	505
向量法巧解数学高考题	2009—08	28.00	54
高中数学课堂教学的实践与反思	2021—11	48.00	791
数学高考参考	2016—01	78.00	589
新课程标准高考数学解答题各种题型解法指导	2020—08	78.00	1196
全国及各省市高考数学试题审题要津与解法研究	2015—02	48.00	450
高中数学章节起始课的教学研究与案例设计	2019—05	28.00	1064
新课标高考数学——五年试题分章详解(2007~2011)(上、下)	2011—10	78.00	140,141
全国中考数学压轴题审题要津与解法研究	2013—04	78.00	248
新编全国及各省市中考数学压轴题审题要津与解法研究	2014—05	58.00	342
全国及各省市 5 年中考数学压轴题审题要津与解法研究(2015 版)	2015—04	58.00	462
中考数学专题总复习	2007—04	28.00	6
中考数学较难题常考题型解题方法与技巧	2016—09	48.00	681
中考数学难题常考题型解题方法与技巧	2016—09	48.00	682
中考数学中档题常考题型解题方法与技巧	2017—08	68.00	835
中考数学选择填空压轴好题妙解 365	2017—05	38.00	759
中考数学:三类重点考题的解法例析与习题	2020—04	48.00	1140
中小学数学的历史文化	2019—11	48.00	1124
初中平面几何百题多思创新解	2020—01	58.00	1125
初中数学中考备考	2020—01	58.00	1126
高考数学之九章演义	2019—08	68.00	1044
高考数学之难题谈笑间	2022—06	68.00	1519
化学可以这样学:高中化学知识方法智慧感悟疑难辨析	2019—07	58.00	1103
如何成为学习高手	2019—09	58.00	1107
高考数学:经典真题分类解析	2020—04	78.00	1134
高考数学解答题破解策略	2020—11	58.00	1221
从分析解题过程学解题:高考压轴题与竞赛题之关系探究	2020—08	88.00	1179
教学新思考:单元整体视角下的初中数学教学设计	2021—03	58.00	1278
思维再拓展:2020 年经典几何题的多解探究与思考	即将出版		1279
中考数学小压轴汇编初讲	2017—07	48.00	788
中考数学大压轴专题微言	2017—09	48.00	846
怎么解中考平面几何探索题	2019—06	48.00	1093
北京中考数学压轴题解题方法突破(第 8 版)	2022—11	78.00	1577
助你高考成功的数学解题智慧:知识是智慧的基础	2016—01	58.00	596
助你高考成功的数学解题智慧:错误是智慧的试金石	2016—04	58.00	643
助你高考成功的数学解题智慧:方法是智慧的推手	2016—04	68.00	657
高考数学奇思妙解	2016—04	38.00	610
高考数学解题策略	2016—05	48.00	670
数学解题泄天机(第 2 版)	2017—10	48.00	850

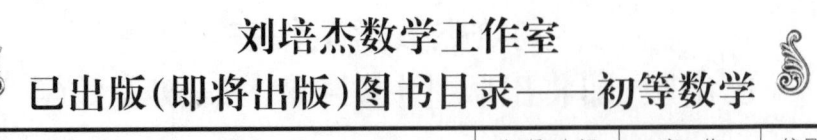

刘培杰数学工作室
已出版(即将出版)图书目录——初等数学

书 名	出版时间	定 价	编号
高中物理教学讲义	2018—01	48.00	871
高中物理教学讲义:全模块	2022—03	98.00	1492
高中物理答疑解惑 65 篇	2021—11	48.00	1462
中学物理基础问题解析	2020—08	48.00	1183
初中数学、高中数学脱节知识补缺教材	2017—06	48.00	766
高考数学客观题解题方法和技巧	2017—10	38.00	847
十年高考数学精品试题审题要津与解法研究	2021—10	98.00	1427
中国历届高考数学试题及解答.1949—1979	2018—01	38.00	877
历届中国高考数学试题及解答.第二卷,1980—1989	2018—10	28.00	975
历届中国高考数学试题及解答.第三卷,1990—1999	2018—10	48.00	976
跟我学解高中数学题	2018—07	58.00	926
中学数学研究的方法及案例	2018—05	58.00	869
高考数学抢分技能	2018—07	68.00	934
高一新生常用数学方法和重要数学思想提升教材	2018—06	38.00	921
高考数学全国卷六道解答题常考题型解题诀窍:理科(全 2 册)	2019—07	78.00	1101
高考数学全国卷 16 道选择、填空题常考题型解题诀窍.理科	2018—09	88.00	971
高考数学全国卷 16 道选择、填空题常考题型解题诀窍.文科	2020—01	88.00	1123
高中数学一题多解	2019—06	58.00	1087
历届中国高考数学试题及解答:1917—1999	2021—08	98.00	1371
2000~2003 年全国及各省市高考数学试题及解答	2022—05	88.00	1499
2004 年全国及各省市高考数学试题及解答	2023—08	78.00	1500
2005 年全国及各省市高考数学试题及解答	2023—08	78.00	1501
2006 年全国及各省市高考数学试题及解答	2023—08	88.00	1502
2007 年全国及各省市高考数学试题及解答	2023—08	98.00	1503
2008 年全国及各省市高考数学试题及解答	2023—08	88.00	1504
2009 年全国及各省市高考数学试题及解答	2023—08	88.00	1505
2010 年全国及各省市高考数学试题及解答	2023—08	98.00	1506
突破高原:高中数学解题思维探究	2021—08	48.00	1375
高考数学中的"取值范围"	2021—10	48.00	1429
新课程标准高中数学各种题型解法大全.必修一分册	2021—06	58.00	1315
新课程标准高中数学各种题型解法大全.必修二分册	2022—01	68.00	1471
高中数学各种题型解法大全.选择性必修一分册	2022—06	68.00	1525
高中数学各种题型解法大全.选择性必修二分册	2023—01	58.00	1600
高中数学各种题型解法大全.选择性必修三分册	2023—04	48.00	1643
历届全国初中数学竞赛经典试题详解	2023—04	88.00	1624
孟祥礼高考数学精刷精解	2023—06	98.00	1663
新编 640 个世界著名数学智力趣题	2014—01	88.00	242
500 个最新世界著名数学智力趣题	2008—06	48.00	3
400 个最新世界著名数学最值问题	2008—09	48.00	36
500 个世界著名数学征解问题	2009—06	48.00	52
400 个中国最佳初等数学征解老问题	2010—01	48.00	60
500 个俄罗斯数学经典老题	2011—01	28.00	81
1000 个国外中学物理好题	2012—04	48.00	174
300 个日本高考数学题	2012—05	38.00	142
700 个早期日本高考数学试题	2017—02	88.00	752
500 个前苏联早期高考数学试题及解答	2012—05	28.00	185
546 个早期俄罗斯大学生数学竞赛题	2014—03	38.00	285
548 个来自美苏的数学好问题	2014—11	28.00	396
20 所苏联著名大学早期入学试题	2015—02	18.00	452
161 道德国工科大学生必做的微分方程习题	2015—05	28.00	469
500 个德国工科大学生必做的高数习题	2015—06	28.00	478
360 个数学竞赛问题	2016—08	58.00	677
200 个趣味数学故事	2018—02	48.00	857
470 个数学奥林匹克中的最值问题	2018—10	88.00	985
德国讲义日本考题.微积分卷	2015—04	48.00	456
德国讲义日本考题.微分方程卷	2015—04	38.00	457
二十世纪中叶中、英、美、日、法、俄高考数学试题精选	2017—06	38.00	783

刘培杰数学工作室
已出版(即将出版)图书目录——初等数学

书　　名	出版时间	定　价	编号
中国初等数学研究　2009 卷(第 1 辑)	2009－05	20.00	45
中国初等数学研究　2010 卷(第 2 辑)	2010－05	30.00	68
中国初等数学研究　2011 卷(第 3 辑)	2011－07	60.00	127
中国初等数学研究　2012 卷(第 4 辑)	2012－07	48.00	190
中国初等数学研究　2014 卷(第 5 辑)	2014－02	48.00	288
中国初等数学研究　2015 卷(第 6 辑)	2015－06	68.00	493
中国初等数学研究　2016 卷(第 7 辑)	2016－04	68.00	609
中国初等数学研究　2017 卷(第 8 辑)	2017－01	98.00	712
初等数学研究在中国.第 1 辑	2019－03	158.00	1024
初等数学研究在中国.第 2 辑	2019－10	158.00	1116
初等数学研究在中国.第 3 辑	2021－05	158.00	1306
初等数学研究在中国.第 4 辑	2022－06	158.00	1520
初等数学研究在中国.第 5 辑	2023－07	158.00	1635
几何变换(Ⅰ)	2014－07	28.00	353
几何变换(Ⅱ)	2015－06	28.00	354
几何变换(Ⅲ)	2015－01	38.00	355
几何变换(Ⅳ)	2015－12	38.00	356
初等数论难题集(第一卷)	2009－05	68.00	44
初等数论难题集(第二卷)(上、下)	2011－02	128.00	82,83
数论概貌	2011－03	18.00	93
代数数论(第二版)	2013－08	58.00	94
代数多项式	2014－06	38.00	289
初等数论的知识与问题	2011－02	28.00	95
超越数论基础	2011－03	28.00	96
数论初等教程	2011－03	28.00	97
数论基础	2011－03	18.00	98
数论基础与维诺格拉多夫	2014－03	18.00	292
解析数论基础	2012－08	28.00	216
解析数论基础(第二版)	2014－01	48.00	287
解析数论问题集(第二版)(原版引进)	2014－05	88.00	343
解析数论问题集(第二版)(中译本)	2016－04	88.00	607
解析数论基础(潘承洞,潘承彪著)	2016－07	98.00	673
解析数论导引	2016－07	58.00	674
数论入门	2011－03	38.00	99
代数数论入门	2015－03	38.00	448
数论开篇	2012－07	28.00	194
解析数论引论	2011－03	48.00	100
Barban Davenport Halberstam 均值和	2009－01	40.00	33
基础数论	2011－03	28.00	101
初等数论 100 例	2011－05	18.00	122
初等数论经典例题	2012－07	18.00	204
最新世界各国数学奥林匹克中的初等数论试题(上、下)	2012－01	138.00	144,145
初等数论(Ⅰ)	2012－01	18.00	156
初等数论(Ⅱ)	2012－01	18.00	157
初等数论(Ⅲ)	2012－01	28.00	158

书 名	出版时间	定 价	编号
平面几何与数论中未解决的新老问题	2013—01	68.00	229
代数数论简史	2014—11	28.00	408
代数数论	2015—09	88.00	532
代数、数论及分析习题集	2016—11	98.00	695
数论导引提要及习题解答	2016—01	48.00	559
素数定理的初等证明.第2版	2016—09	48.00	686
数论中的模函数与狄利克雷级数(第二版)	2017—11	78.00	837
数论:数学导引	2018—01	68.00	849
范氏大代数	2019—02	98.00	1016
解析数学讲义.第一卷,导来式及微分、积分、级数	2019—04	88.00	1021
解析数学讲义.第二卷,关于几何的应用	2019—04	68.00	1022
解析数学讲义.第三卷,解析函数论	2019—04	78.00	1023
分析·组合·数论纵横谈	2019—04	58.00	1039
Hall代数:民国时期的中学数学课本:英文	2019—08	88.00	1106
基谢廖夫初等代数	2022—07	38.00	1531
数学精神巡礼	2019—01	58.00	731
数学眼光透视(第2版)	2017—06	78.00	732
数学思想领悟(第2版)	2018—01	68.00	733
数学方法溯源(第2版)	2018—08	68.00	734
数学解题引论	2017—05	58.00	735
数学史话览胜(第2版)	2017—01	48.00	736
数学应用展观(第2版)	2017—08	68.00	737
数学建模尝试	2018—04	48.00	738
数学竞赛采风	2018—01	68.00	739
数学测评探营	2019—05	58.00	740
数学技能操握	2018—03	48.00	741
数学欣赏拾趣	2018—02	48.00	742
从毕达哥拉斯到怀尔斯	2007—10	48.00	9
从迪利克雷到维斯卡尔迪	2008—01	48.00	21
从哥德巴赫到陈景润	2008—05	98.00	35
从庞加莱到佩雷尔曼	2011—08	138.00	136
博弈论精粹	2008—03	58.00	30
博弈论精粹.第二版(精装)	2015—01	88.00	461
数学 我爱你	2008—01	28.00	20
精神的圣徒 别样的人生——60位中国数学家成长的历程	2008—09	48.00	39
数学史概论	2009—06	78.00	50
数学史概论(精装)	2013—03	158.00	272
数学史选讲	2016—01	48.00	544
斐波那契数列	2010—02	28.00	65
数学拼盘和斐波那契魔方	2010—07	38.00	72
斐波那契数列欣赏(第2版)	2018—08	58.00	948
Fibonacci数列中的明珠	2018—06	58.00	928
数学的创造	2011—02	48.00	85
数学美与创造力	2016—01	48.00	595
数海拾贝	2016—01	48.00	590
数学中的美(第2版)	2019—04	68.00	1057
数论中的美学	2014—12	38.00	351

刘培杰数学工作室
已出版(即将出版)图书目录——初等数学

书　　名	出版时间	定　价	编号
数学王者　科学巨人——高斯	2015—01	28.00	428
振兴祖国数学的圆梦之旅:中国初等数学研究史话	2015—06	98.00	490
二十世纪中国数学史料研究	2015—10	48.00	536
数字谜、数阵图与棋盘覆盖	2016—01	58.00	298
数学概念的进化:一个初步的研究	2023—07	68.00	1683
数学发现的艺术:数学探索中的合情推理	2016—07	58.00	671
活跃在数学中的参数	2016—07	48.00	675
数海趣史	2021—05	98.00	1314
玩转幻中之幻	2023—08	88.00	1682
数学艺术品	2023—09	98.00	1685
数学博弈与游戏	2023—10	68.00	1692
数学解题——靠数学思想给力(上)	2011—07	38.00	131
数学解题——靠数学思想给力(中)	2011—07	48.00	132
数学解题——靠数学思想给力(下)	2011—07	38.00	133
我怎样解题	2013—01	48.00	227
数学解题中的物理方法	2011—06	48.00	114
数学解题的特殊方法	2011—06	48.00	115
中学数学计算技巧(第2版)	2020—10	48.00	1220
中学数学证明方法	2012—01	58.00	117
数学趣题巧解	2012—03	28.00	128
高中数学教学通鉴	2015—05	58.00	479
和高中生漫谈:数学与哲学的故事	2014—08	28.00	369
算术问题集	2017—03	38.00	789
张教授讲数学	2018—07	38.00	933
陈永明实话实说数学教学	2020—04	68.00	1132
中学数学学科知识与教学能力	2020—06	58.00	1155
怎样把课讲好:大罕数学教学随笔	2022—03	58.00	1484
中国高考评价体系下高考数学探秘	2022—03	48.00	1487
自主招生考试中的参数方程问题	2015—01	28.00	435
自主招生考试中的极坐标问题	2015—04	28.00	463
近年全国重点大学自主招生数学试题全解及研究.华约卷	2015—02	38.00	441
近年全国重点大学自主招生数学试题全解及研究.北约卷	2016—05	38.00	619
自主招生数学解证宝典	2015—09	48.00	535
中国科学技术大学创新班数学真题解析	2022—03	48.00	1488
中国科学技术大学创新班物理真题解析	2022—03	58.00	1489
格点和面积	2012—07	18.00	191
射影几何趣谈	2012—04	28.00	175
斯潘纳尔引理——从一道加拿大数学奥林匹克试题谈起	2014—01	28.00	228
李普希兹条件——从几道近年高考数学试题谈起	2012—10	18.00	221
拉格朗日中值定理——从一道北京高考试题的解法谈起	2015—10	18.00	197
闵科夫斯基定理——从一道清华大学自主招生试题谈起	2014—01	28.00	198
哈尔测度——从一道冬令营试题的背景谈起	2012—08	28.00	202
切比雪夫逼近问题——从一道中国台北数学奥林匹克试题谈起	2013—04	38.00	238
伯恩斯坦多项式与贝齐尔曲面——从一道全国高中数学联赛试题谈起	2013—03	38.00	236
卡塔兰猜想——从一道普特南竞赛试题谈起	2013—06	18.00	256
麦卡锡函数和阿克曼函数——从一道前南斯拉夫数学奥林匹克试题谈起	2012—08	18.00	201
贝蒂定理与拉姆贝克莫斯尔定理——从一个拣石子游戏谈起	2012—08	18.00	217
皮亚诺曲线和豪斯道夫分球定理——从无限集谈起	2012—08	18.00	211
平面凸图形与凸多面体	2012—10	28.00	218
斯坦因豪斯问题——从一道二十五省市自治区中学数学竞赛试题谈起	2012—07	18.00	196

刘培杰数学工作室
已出版(即将出版)图书目录——初等数学

书　名	出版时间	定　价	编号
纽结理论中的亚历山大多项式与琼斯多项式——从一道北京市高一数学竞赛试题谈起	2012—07	28.00	195
原则与策略——从波利亚"解题表"谈起	2013—04	38.00	244
转化与化归——从三大尺规作图不能问题谈起	2012—08	28.00	214
代数几何中的贝祖定理(第一版)——从一道IMO试题的解法谈起	2013—08	18.00	193
成功连贯理论与约当块理论——从一道比利时数学竞赛试题谈起	2012—04	18.00	180
素数判定与大数分解	2014—08	18.00	199
置换多项式及其应用	2012—10	18.00	220
椭圆函数与模函数——从一道美国加州大学洛杉矶分校(UCLA)博士资格考题谈起	2012—10	28.00	219
差分方程的拉格朗日方法——从一道2011年全国高考理科试题的解法谈起	2012—08	28.00	200
力学在几何中的一些应用	2013—01	38.00	240
从根式解到伽罗华理论	2020—01	48.00	1121
康托洛维奇不等式——从一道全国高中联赛试题谈起	2013—03	28.00	337
西格尔引理——从一道第18届IMO试题的解法谈起	即将出版		
罗斯定理——从一道前苏联数学竞赛试题谈起	即将出版		
拉克斯定理和阿廷定理——从一道IMO试题的解法谈起	2014—01	58.00	246
毕卡大定理——从一道美国大学数学竞赛试题谈起	2014—07	18.00	350
贝齐尔曲线——从一道全国高中联赛试题谈起	即将出版		
拉格朗日乘子定理——从一道2005年全国高中联赛试题的高等数学解法谈起	2015—05	28.00	480
雅可比定理——从一道日本数学奥林匹克试题谈起	2013—04	48.00	249
李天岩—约克定理——从一道波兰数学竞赛试题谈起	2014—06	28.00	349
受控理论与初等不等式:从一道IMO试题的解法谈起	2023—03	48.00	1601
布劳维不动点定理——从一道前苏联数学奥林匹克试题谈起	2014—01	38.00	273
伯恩赛德定理——从一道英国数学奥林匹克试题谈起	即将出版		
布查特—莫斯特定理——从一道上海市初中竞赛试题谈起	即将出版		
数论中的同余数问题——从一道普特南竞赛试题谈起	即将出版		
范·德蒙行列式——从一道美国数学奥林匹克试题谈起	即将出版		
中国剩余定理:总数法构建中国历史年表	2015—01	28.00	430
牛顿程序与方程求根——从一道全国高考试题解法谈起	即将出版		
库默尔定理——从一道IMO预选试题谈起	即将出版		
卢丁定理——从一道冬令营试题的解法谈起	即将出版		
沃斯滕霍姆定理——从一道IMO预选试题谈起	即将出版		
卡尔松不等式——从一道莫斯科数学奥林匹克试题谈起	即将出版		
信息论中的香农熵——从一道近年高考压轴题谈起	即将出版		
约当不等式——从一道希望杯竞赛试题谈起	即将出版		
拉比诺维奇定理	即将出版		
刘维尔定理——从一道《美国数学月刊》征解问题的解法谈起	即将出版		
卡塔兰恒等式与级数求和——从一道IMO试题的解法谈起	即将出版		
勒让德猜想与素数分布——从一道爱尔兰竞赛试题谈起	即将出版		
天平称重与信息论——从一道基辅市数学奥林匹克试题谈起	即将出版		
哈密尔顿—凯莱定理:从一道高中数学联赛试题的解法谈起	2014—09	18.00	376
艾思特曼定理——从一道CMO试题的解法谈起	即将出版		

刘培杰数学工作室
已出版(即将出版)图书目录——初等数学

书 名	出版时间	定 价	编号
阿贝尔恒等式与经典不等式及应用	2018—06	98.00	923
迪利克雷除数问题	2018—07	48.00	930
幻方、幻立方与拉丁方	2019—08	48.00	1092
帕斯卡三角形	2014—03	18.00	294
蒲丰投针问题——从2009年清华大学的一道自主招生试题谈起	2014—01	38.00	295
斯图姆定理——从一道"华约"自主招生试题的解法谈起	2014—01	18.00	296
许瓦兹引理——从一道加利福尼亚大学伯克利分校数学系博士生试题谈起	2014—08	18.00	297
拉姆塞定理——从王诗宬院士的一个问题谈起	2016—04	48.00	299
坐标法	2013—12	28.00	332
数论三角形	2014—04	38.00	341
毕克定理	2014—07	18.00	352
数林掠影	2014—09	48.00	389
我们周围的概率	2014—10	38.00	390
凸函数最值定理:从一道华约自主招生题的解法谈起	2014—10	28.00	391
易学与数学奥林匹克	2014—10	38.00	392
生物数学趣谈	2015—01	18.00	409
反演	2015—01	28.00	420
因式分解与圆锥曲线	2015—01	18.00	426
轨迹	2015—01	28.00	427
面积原理:从常庚哲命的一道CMO试题的积分解法谈起	2015—01	48.00	431
形形色色的不动点定理:从一道28届IMO试题谈起	2015—01	38.00	439
柯西函数方程:从一道上海交大自主招生的试题谈起	2015—02	28.00	440
三角恒等式	2015—02	28.00	442
无理性判定:从一道2014年"北约"自主招生试题谈起	2015—01	38.00	443
数学归纳法	2015—03	18.00	451
极端原理与解题	2015—04	28.00	464
法雷级数	2014—08	18.00	367
摆线族	2015—01	38.00	438
函数方程及其解法	2015—05	38.00	470
含参数的方程和不等式	2012—09	28.00	213
希尔伯特第十问题	2016—01	38.00	543
无穷小量的求和	2016—01	28.00	545
切比雪夫多项式:从一道清华大学金秋营试题谈起	2016—01	38.00	583
泽肯多夫定理	2016—03	38.00	599
代数等式证题法	2016—01	28.00	600
三角等式证题法	2016—01	28.00	601
吴大任教授藏书中的一个因式分解公式:从一道美国数学邀请赛试题的解法谈起	2016—06	28.00	656
易卦——类万物的数学模型	2017—08	68.00	838
"不可思议"的数与数系可持续发展	2018—01	38.00	878
最短线	2018—01	38.00	879
数学在天文、地理、光学、机械力学中的一些应用	2023—03	88.00	1576
从阿基米德三角形谈起	2023—01	28.00	1578
幻方和魔方(第一卷)	2012—05	68.00	173
尘封的经典——初等数学经典文献选读(第一卷)	2012—07	48.00	205
尘封的经典——初等数学经典文献选读(第二卷)	2012—07	38.00	206
初级方程式论	2011—03	28.00	106
初等数学研究(Ⅰ)	2008—09	68.00	37
初等数学研究(Ⅱ)(上、下)	2009—05	118.00	46,47
初等数学专题研究	2022—10	68.00	1568

刘培杰数学工作室
已出版(即将出版)图书目录——初等数学

书 名	出版时间	定价	编号
趣味初等方程妙题集锦	2014—09	48.00	388
趣味初等数论选美与欣赏	2015—02	48.00	445
耕读笔记(上卷):一位农民数学爱好者的初数探索	2015—04	28.00	459
耕读笔记(中卷):一位农民数学爱好者的初数探索	2015—05	28.00	483
耕读笔记(下卷):一位农民数学爱好者的初数探索	2015—05	28.00	484
几何不等式研究与欣赏.上卷	2016—01	88.00	547
几何不等式研究与欣赏.下卷	2016—01	48.00	552
初等数列研究与欣赏·上	2016—01	48.00	570
初等数列研究与欣赏·下	2016—01	48.00	571
趣味初等函数研究与欣赏.上	2016—09	48.00	684
趣味初等函数研究与欣赏.下	2018—09	48.00	685
三角不等式研究与欣赏	2020—10	68.00	1197
新编平面解析几何解题方法研究与欣赏	2021—10	78.00	1426
火柴游戏(第2版)	2022—05	38.00	1493
智力解谜.第1卷	2017—07	38.00	613
智力解谜.第2卷	2017—07	38.00	614
故事智力	2016—07	48.00	615
名人们喜欢的智力问题	2020—01	48.00	616
数学大师的发现、创造与失误	2018—01	48.00	617
异曲同工	2018—09	48.00	618
数学的味道(第2版)	2023—10	68.00	1686
数学千字文	2018—10	68.00	977
数贝偶拾——高考数学题研究	2014—04	28.00	274
数贝偶拾——初等数学研究	2014—04	38.00	275
数贝偶拾——奥数题研究	2014—04	48.00	276
钱昌本教你快乐学数学(上)	2011—12	48.00	155
钱昌本教你快乐学数学(下)	2012—03	58.00	171
集合、函数与方程	2014—01	28.00	300
数列与不等式	2014—01	38.00	301
三角与平面向量	2014—01	28.00	302
平面解析几何	2014—01	38.00	303
立体几何与组合	2014—01	28.00	304
极限与导数、数学归纳法	2014—01	38.00	305
趣味数学	2014—03	28.00	306
教材教法	2014—04	68.00	307
自主招生	2014—05	58.00	308
高考压轴题(上)	2015—01	48.00	309
高考压轴题(下)	2014—10	68.00	310
从费马到怀尔斯——费马大定理的历史	2013—10	198.00	I
从庞加莱到佩雷尔曼——庞加莱猜想的历史	2013—10	298.00	II
从切比雪夫到爱尔特希(上)——素数定理的初等证明	2013—07	48.00	III
从切比雪夫到爱尔特希(下)——素数定理100年	2012—12	98.00	III
从高斯到盖尔方特——二次域的高斯猜想	2013—10	198.00	IV
从库默尔到朗兰兹——朗兰兹猜想的历史	2014—01	98.00	V
从比勃巴赫到德布朗斯——比勃巴赫猜想的历史	2014—02	298.00	VI
从麦比乌斯到陈省身——麦比乌斯变换与麦比乌斯带	2014—02	298.00	VII
从布尔到豪斯道夫——布尔方程与格论漫谈	2013—10	198.00	VIII
从开普勒到阿诺德——三体问题的历史	2014—05	298.00	IX
从华林到华罗庚——华林问题的历史	2013—10	298.00	X

— 12 —

刘培杰数学工作室
已出版（即将出版）图书目录——初等数学

书　名	出版时间	定　价	编号
美国高中数学竞赛五十讲.第1卷(英文)	2014—08	28.00	357
美国高中数学竞赛五十讲.第2卷(英文)	2014—08	28.00	358
美国高中数学竞赛五十讲.第3卷(英文)	2014—09	28.00	359
美国高中数学竞赛五十讲.第4卷(英文)	2014—09	28.00	360
美国高中数学竞赛五十讲.第5卷(英文)	2014—10	28.00	361
美国高中数学竞赛五十讲.第6卷(英文)	2014—11	28.00	362
美国高中数学竞赛五十讲.第7卷(英文)	2014—12	28.00	363
美国高中数学竞赛五十讲.第8卷(英文)	2015—01	28.00	364
美国高中数学竞赛五十讲.第9卷(英文)	2015—01	28.00	365
美国高中数学竞赛五十讲.第10卷(英文)	2015—02	38.00	366
三角函数(第2版)	2017—04	38.00	626
不等式	2014—01	38.00	312
数列	2014—01	38.00	313
方程(第2版)	2017—04	38.00	624
排列和组合	2014—01	28.00	315
极限与导数(第2版)	2016—04	38.00	635
向量(第2版)	2018—08	58.00	627
复数及其应用	2014—08	28.00	318
函数	2014—01	38.00	319
集合	2020—01	48.00	320
直线与平面	2014—01	28.00	321
立体几何(第2版)	2016—04	38.00	629
解三角形	即将出版		323
直线与圆(第2版)	2016—11	38.00	631
圆锥曲线(第2版)	2016—09	48.00	632
解题通法(一)	2014—07	38.00	326
解题通法(二)	2014—07	38.00	327
解题通法(三)	2014—05	38.00	328
概率与统计	2014—01	28.00	329
信息迁移与算法	即将出版		330
IMO 50 年.第1卷(1959—1963)	2014—11	28.00	377
IMO 50 年.第2卷(1964—1968)	2014—11	28.00	378
IMO 50 年.第3卷(1969—1973)	2014—09	28.00	379
IMO 50 年.第4卷(1974—1978)	2016—04	38.00	380
IMO 50 年.第5卷(1979—1984)	2015—04	38.00	381
IMO 50 年.第6卷(1985—1989)	2015—04	58.00	382
IMO 50 年.第7卷(1990—1994)	2016—01	48.00	383
IMO 50 年.第8卷(1995—1999)	2016—06	38.00	384
IMO 50 年.第9卷(2000—2004)	2015—04	58.00	385
IMO 50 年.第10 卷(2005—2009)	2016—01	48.00	386
IMO 50 年.第11 卷(2010—2015)	2017—03	48.00	646

刘培杰数学工作室
已出版(即将出版)图书目录——初等数学

书　名	出版时间	定　价	编号
数学反思(2006—2007)	2020—09	88.00	915
数学反思(2008—2009)	2019—01	68.00	917
数学反思(2010—2011)	2018—05	58.00	916
数学反思(2012—2013)	2019—01	58.00	918
数学反思(2014—2015)	2019—03	78.00	919
数学反思(2016—2017)	2021—03	58.00	1286
数学反思(2018—2019)	2023—01	88.00	1593
历届美国大学生数学竞赛试题集.第一卷(1938—1949)	2015—01	28.00	397
历届美国大学生数学竞赛试题集.第二卷(1950—1959)	2015—01	28.00	398
历届美国大学生数学竞赛试题集.第三卷(1960—1969)	2015—01	28.00	399
历届美国大学生数学竞赛试题集.第四卷(1970—1979)	2015—01	18.00	400
历届美国大学生数学竞赛试题集.第五卷(1980—1989)	2015—01	28.00	401
历届美国大学生数学竞赛试题集.第六卷(1990—1999)	2015—01	28.00	402
历届美国大学生数学竞赛试题集.第七卷(2000—2009)	2015—08	18.00	403
历届美国大学生数学竞赛试题集.第八卷(2010—2012)	2015—01	18.00	404
新课标高考数学创新题解题诀窍:总论	2014—09	28.00	372
新课标高考数学创新题解题诀窍:必修1～5分册	2014—08	38.00	373
新课标高考数学创新题解题诀窍:选修2－1,2－2,1－1,1－2分册	2014—09	38.00	374
新课标高考数学创新题解题诀窍:选修2－3,4－4,4－5分册	2014—09	18.00	375
全国重点大学自主招生英文数学试题全攻略:词汇卷	2015—07	48.00	410
全国重点大学自主招生英文数学试题全攻略:概念卷	2015—01	28.00	411
全国重点大学自主招生英文数学试题全攻略:文章选读卷(上)	2016—09	38.00	412
全国重点大学自主招生英文数学试题全攻略:文章选读卷(下)	2017—01	58.00	413
全国重点大学自主招生英文数学试题全攻略:试题卷	2015—07	38.00	414
全国重点大学自主招生英文数学试题全攻略:名著欣赏卷	2017—03	48.00	415
劳埃德数学趣题大全.题目卷.1:英文	2016—01	18.00	516
劳埃德数学趣题大全.题目卷.2:英文	2016—01	18.00	517
劳埃德数学趣题大全.题目卷.3:英文	2016—01	18.00	518
劳埃德数学趣题大全.题目卷.4:英文	2016—01	18.00	519
劳埃德数学趣题大全.题目卷.5:英文	2016—01	18.00	520
劳埃德数学趣题大全.答案卷:英文	2016—01	18.00	521
李成章教练奥数笔记.第1卷	2016—01	48.00	522
李成章教练奥数笔记.第2卷	2016—01	48.00	523
李成章教练奥数笔记.第3卷	2016—01	38.00	524
李成章教练奥数笔记.第4卷	2016—01	38.00	525
李成章教练奥数笔记.第5卷	2016—01	38.00	526
李成章教练奥数笔记.第6卷	2016—01	38.00	527
李成章教练奥数笔记.第7卷	2016—01	38.00	528
李成章教练奥数笔记.第8卷	2016—01	48.00	529
李成章教练奥数笔记.第9卷	2016—01	28.00	530

刘培杰数学工作室
已出版(即将出版)图书目录——初等数学

书　名	出版时间	定　价	编号
第19～23届"希望杯"全国数学邀请赛试题审题要津详细评注(初一版)	2014—03	28.00	333
第19～23届"希望杯"全国数学邀请赛试题审题要津详细评注(初二、初三版)	2014—03	38.00	334
第19～23届"希望杯"全国数学邀请赛试题审题要津详细评注(高一版)	2014—03	28.00	335
第19～23届"希望杯"全国数学邀请赛试题审题要津详细评注(高二版)	2014—03	38.00	336
第19～25届"希望杯"全国数学邀请赛试题审题要津详细评注(初一版)	2015—01	38.00	416
第19～25届"希望杯"全国数学邀请赛试题审题要津详细评注(初二、初三版)	2015—01	58.00	417
第19～25届"希望杯"全国数学邀请赛试题审题要津详细评注(高一版)	2015—01	48.00	418
第19～25届"希望杯"全国数学邀请赛试题审题要津详细评注(高二版)	2015—01	48.00	419
物理奥林匹克竞赛大题典——力学卷	2014—11	48.00	405
物理奥林匹克竞赛大题典——热学卷	2014—04	28.00	339
物理奥林匹克竞赛大题典——电磁学卷	2015—07	48.00	406
物理奥林匹克竞赛大题典——光学与近代物理卷	2014—06	28.00	345
历届中国东南地区数学奥林匹克试题集(2004～2012)	2014—06	18.00	346
历届中国西部地区数学奥林匹克试题集(2001～2012)	2014—07	18.00	347
历届中国女子数学奥林匹克试题集(2002～2012)	2014—08	18.00	348
数学奥林匹克在中国	2014—06	98.00	344
数学奥林匹克问题集	2014—01	38.00	267
数学奥林匹克不等式散论	2010—06	38.00	124
数学奥林匹克不等式欣赏	2011—09	38.00	138
数学奥林匹克超级题库(初中卷上)	2010—01	58.00	66
数学奥林匹克不等式证明方法和技巧(上、下)	2011—08	158.00	134,135
他们学什么:原民主德国中学数学课本	2016—09	38.00	658
他们学什么:英国中学数学课本	2016—09	38.00	659
他们学什么:法国中学数学课本.1	2016—09	38.00	660
他们学什么:法国中学数学课本.2	2016—09	28.00	661
他们学什么:法国中学数学课本.3	2016—09	38.00	662
他们学什么:苏联中学数学课本	2016—09	28.00	679
高中数学题典——集合与简易逻辑·函数	2016—07	48.00	647
高中数学题典——导数	2016—07	48.00	648
高中数学题典——三角函数·平面向量	2016—07	48.00	649
高中数学题典——数列	2016—07	58.00	650
高中数学题典——不等式·推理与证明	2016—07	38.00	651
高中数学题典——立体几何	2016—07	48.00	652
高中数学题典——平面解析几何	2016—07	78.00	653
高中数学题典——计数原理·统计·概率·复数	2016—07	48.00	654
高中数学题典——算法·平面几何·初等数论·组合数学·其他	2016—07	68.00	655

刘培杰数学工作室
已出版(即将出版)图书目录——初等数学

书　名	出版时间	定　价	编号
台湾地区奥林匹克数学竞赛试题.小学一年级	2017—03	38.00	722
台湾地区奥林匹克数学竞赛试题.小学二年级	2017—03	38.00	723
台湾地区奥林匹克数学竞赛试题.小学三年级	2017—03	38.00	724
台湾地区奥林匹克数学竞赛试题.小学四年级	2017—03	38.00	725
台湾地区奥林匹克数学竞赛试题.小学五年级	2017—03	38.00	726
台湾地区奥林匹克数学竞赛试题.小学六年级	2017—03	38.00	727
台湾地区奥林匹克数学竞赛试题.初中一年级	2017—03	38.00	728
台湾地区奥林匹克数学竞赛试题.初中二年级	2017—03	38.00	729
台湾地区奥林匹克数学竞赛试题.初中三年级	2017—03	28.00	730
不等式证题法	2017—04	28.00	747
平面几何培优教程	2019—08	88.00	748
奥数鼎级培优教程.高一分册	2018—09	88.00	749
奥数鼎级培优教程.高二分册.上	2018—04	68.00	750
奥数鼎级培优教程.高二分册.下	2018—04	68.00	751
高中数学竞赛冲刺宝典	2019—04	68.00	883
初中尖子生数学超级题典.实数	2017—07	58.00	792
初中尖子生数学超级题典.式、方程与不等式	2017—08	58.00	793
初中尖子生数学超级题典.圆、面积	2017—08	38.00	794
初中尖子生数学超级题典.函数、逻辑推理	2017—08	48.00	795
初中尖子生数学超级题典.角、线段、三角形与多边形	2017—07	58.00	796
数学王子——高斯	2018—01	48.00	858
坎坷奇星——阿贝尔	2018—01	48.00	859
闪烁奇星——伽罗瓦	2018—01	58.00	860
无穷统帅——康托尔	2018—01	48.00	861
科学公主——柯瓦列夫斯卡娅	2018—01	48.00	862
抽象代数之母——埃米·诺特	2018—01	48.00	863
电脑先驱——图灵	2018—01	58.00	864
昔日神童——维纳	2018—01	48.00	865
数坛怪侠——爱尔特希	2018—01	68.00	866
传奇数学家徐利治	2019—09	88.00	1110
当代世界中的数学.数学思想与数学基础	2019—01	38.00	892
当代世界中的数学.数学问题	2019—01	38.00	893
当代世界中的数学.应用数学与数学应用	2019—01	38.00	894
当代世界中的数学.数学王国的新疆域(一)	2019—01	38.00	895
当代世界中的数学.数学王国的新疆域(二)	2019—01	38.00	896
当代世界中的数学.数林撷英(一)	2019—01	38.00	897
当代世界中的数学.数林撷英(二)	2019—01	48.00	898
当代世界中的数学.数学之路	2019—01	38.00	899

书　名	出版时间	定　价	编号
105 个代数问题:来自 AwesomeMath 夏季课程	2019－02	58.00	956
106 个几何问题:来自 AwesomeMath 夏季课程	2020－07	58.00	957
107 个几何问题:来自 AwesomeMath 全年课程	2020－07	58.00	958
108 个代数问题:来自 AwesomeMath 全年课程	2019－01	68.00	959
109 个不等式:来自 AwesomeMath 夏季课程	2019－04	58.00	960
国际数学奥林匹克中的 110 个几何问题	即将出版		961
111 个代数和数论问题	2019－05	58.00	962
112 个组合问题:来自 AwesomeMath 夏季课程	2019－05	58.00	963
113 个几何不等式:来自 AwesomeMath 夏季课程	2020－08	58.00	964
114 个指数和对数问题:来自 AwesomeMath 夏季课程	2019－09	48.00	965
115 个三角问题:来自 AwesomeMath 夏季课程	2019－09	58.00	966
116 个代数不等式:来自 AwesomeMath 全年课程	2019－04	58.00	967
117 个多项式问题:来自 AwesomeMath 夏季课程	2021－09	58.00	1409
118 个数学竞赛不等式	2022－08	78.00	1526
紫色彗星国际数学竞赛试题	2019－02	58.00	999
数学竞赛中的数学:为数学爱好者、父母、教师和教练准备的丰富资源.第一部	2020－04	58.00	1141
数学竞赛中的数学:为数学爱好者、父母、教师和教练准备的丰富资源.第二部	2020－07	48.00	1142
和与积	2020－10	38.00	1219
数论:概念和问题	2020－12	68.00	1257
初等数学问题研究	2021－03	48.00	1270
数学奥林匹克中的欧几里得几何	2021－10	68.00	1413
数学奥林匹克题解新编	2022－01	58.00	1430
图论入门	2022－09	58.00	1554
新的、更新的、最新的不等式	2023－07	58.00	1650
澳大利亚中学数学竞赛试题及解答(初级卷)1978～1984	2019－02	28.00	1002
澳大利亚中学数学竞赛试题及解答(初级卷)1985～1991	2019－02	28.00	1003
澳大利亚中学数学竞赛试题及解答(初级卷)1992～1998	2019－02	28.00	1004
澳大利亚中学数学竞赛试题及解答(初级卷)1999～2005	2019－02	28.00	1005
澳大利亚中学数学竞赛试题及解答(中级卷)1978～1984	2019－03	28.00	1006
澳大利亚中学数学竞赛试题及解答(中级卷)1985～1991	2019－03	28.00	1007
澳大利亚中学数学竞赛试题及解答(中级卷)1992～1998	2019－03	28.00	1008
澳大利亚中学数学竞赛试题及解答(中级卷)1999～2005	2019－03	28.00	1009
澳大利亚中学数学竞赛试题及解答(高级卷)1978～1984	2019－05	28.00	1010
澳大利亚中学数学竞赛试题及解答(高级卷)1985～1991	2019－05	28.00	1011
澳大利亚中学数学竞赛试题及解答(高级卷)1992～1998	2019－05	28.00	1012
澳大利亚中学数学竞赛试题及解答(高级卷)1999～2005	2019－05	28.00	1013
天才中小学生智力测验题.第一卷	2019－03	38.00	1026
天才中小学生智力测验题.第二卷	2019－03	38.00	1027
天才中小学生智力测验题.第三卷	2019－03	38.00	1028
天才中小学生智力测验题.第四卷	2019－03	38.00	1029
天才中小学生智力测验题.第五卷	2019－03	38.00	1030
天才中小学生智力测验题.第六卷	2019－03	38.00	1031
天才中小学生智力测验题.第七卷	2019－03	38.00	1032
天才中小学生智力测验题.第八卷	2019－03	38.00	1033
天才中小学生智力测验题.第九卷	2019－03	38.00	1034
天才中小学生智力测验题.第十卷	2019－03	38.00	1035
天才中小学生智力测验题.第十一卷	2019－03	38.00	1036
天才中小学生智力测验题.第十二卷	2019－03	38.00	1037
天才中小学生智力测验题.第十三卷	2019－03	38.00	1038

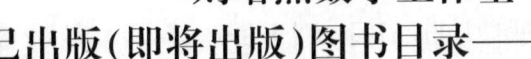
书　　名	出版时间	定　价	编号
重点大学自主招生数学备考全书:函数	2020—05	48.00	1047
重点大学自主招生数学备考全书:导数	2020—08	48.00	1048
重点大学自主招生数学备考全书:数列与不等式	2019—10	78.00	1049
重点大学自主招生数学备考全书:三角函数与平面向量	2020—08	68.00	1050
重点大学自主招生数学备考全书:平面解析几何	2020—07	58.00	1051
重点大学自主招生数学备考全书:立体几何与平面几何	2019—08	48.00	1052
重点大学自主招生数学备考全书:排列组合·概率统计·复数	2019—09	48.00	1053
重点大学自主招生数学备考全书:初等数论与组合数学	2019—08	48.00	1054
重点大学自主招生数学备考全书:重点大学自主招生真题.上	2019—04	68.00	1055
重点大学自主招生数学备考全书:重点大学自主招生真题.下	2019—04	58.00	1056
高中数学竞赛培训教程:平面几何问题的求解方法与策略.上	2018—05	68.00	906
高中数学竞赛培训教程:平面几何问题的求解方法与策略.下	2018—06	78.00	907
高中数学竞赛培训教程:整除与同余以及不定方程	2018—01	88.00	908
高中数学竞赛培训教程:组合计数与组合极值	2018—04	48.00	909
高中数学竞赛培训教程:初等代数	2019—04	78.00	1042
高中数学讲座:数学竞赛基础教程(第一册)	2019—04	48.00	1094
高中数学讲座:数学竞赛基础教程(第二册)	即将出版		1095
高中数学讲座:数学竞赛基础教程(第三册)	即将出版		1096
高中数学讲座:数学竞赛基础教程(第四册)	即将出版		1097
新编中学数学解题方法1000招丛书.实数(初中版)	2022—05	58.00	1291
新编中学数学解题方法1000招丛书.式(初中版)	2022—05	48.00	1292
新编中学数学解题方法1000招丛书.方程与不等式(初中版)	2021—04	58.00	1293
新编中学数学解题方法1000招丛书.函数(初中版)	2022—05	38.00	1294
新编中学数学解题方法1000招丛书.角(初中版)	2022—05	48.00	1295
新编中学数学解题方法1000招丛书.线段(初中版)	2022—05	48.00	1296
新编中学数学解题方法1000招丛书.三角形与多边形(初中版)	2021—04	48.00	1297
新编中学数学解题方法1000招丛书.圆(初中版)	2022—05	48.00	1298
新编中学数学解题方法1000招丛书.面积(初中版)	2021—07	28.00	1299
新编中学数学解题方法1000招丛书.逻辑推理(初中版)	2022—06	48.00	1300
高中数学题典精编.第一辑.函数	2022—01	58.00	1444
高中数学题典精编.第一辑.导数	2022—01	68.00	1445
高中数学题典精编.第一辑.三角函数·平面向量	2022—01	68.00	1446
高中数学题典精编.第一辑.数列	2022—01	58.00	1447
高中数学题典精编.第一辑.不等式·推理与证明	2022—01	58.00	1448
高中数学题典精编.第一辑.立体几何	2022—01	58.00	1449
高中数学题典精编.第一辑.平面解析几何	2022—01	68.00	1450
高中数学题典精编.第一辑.统计·概率·平面几何	2022—01	58.00	1451
高中数学题典精编.第一辑.初等数论·组合数学·数学文化·解题方法	2022—01	58.00	1452
历届全国初中数学竞赛试题分类解析.初等代数	2022—09	98.00	1555
历届全国初中数学竞赛试题分类解析.初等数论	2022—09	48.00	1556
历届全国初中数学竞赛试题分类解析.平面几何	2022—09	38.00	1557
历届全国初中数学竞赛试题分类解析.组合	2022—09	38.00	1558

刘培杰数学工作室

已出版(即将出版)图书目录——初等数学

书　　名	出版时间	定　价	编号
从三道高三数学模拟题的背景谈起:兼谈傅里叶三角级数	2023—03	48.00	1651
从一道日本东京大学的入学试题谈起:兼谈 π 的方方面面	即将出版		1652
从两道2021年福建高三数学测试题谈起:兼谈球面几何学与球面三角学	即将出版		1653
从一道湖南高考数学试题谈起:兼谈有界变差数列	即将出版		1654
从一道高校自主招生试题谈起:兼谈詹森函数方程	即将出版		1655
从一道上海高考数学试题谈起:兼谈有界变差函数	即将出版		1656
从一道北京大学金秋营数学试题的解法谈起:兼谈伽罗瓦理论	即将出版		1657
从一道北京高考数学试题的解法谈起:兼谈毕克定理	即将出版		1658
从一道北京大学金秋营数学试题的解法谈起:兼谈帕塞瓦尔恒等式	即将出版		1659
从一道高三数学模拟测试题的背景谈起:兼谈等周问题与等周不等式	即将出版		1660
从一道2020年全国高考数学试题的解法谈起:兼谈斐波那契数列和纳卡穆拉定理及奥斯图达定理	即将出版		1661
从一道高考数学附加题谈起:兼谈广义斐波那契数列	即将出版		1662
代数学教程.第一卷,集合论	2023—08	58.00	1664
代数学教程.第二卷,抽象代数基础	2023—08	68.00	1665
代数学教程.第三卷,数论原理	2023—08	58.00	1666
代数学教程.第四卷,代数方程式论	2023—08	48.00	1667
代数学教程.第五卷,多项式理论	2023—08	58.00	1668

联系地址:哈尔滨市南岗区复华四道街10号　哈尔滨工业大学出版社刘培杰数学工作室
网　　址:http://lpj.hit.edu.cn/
邮　　编:150006
联系电话:0451—86281378　　13904613167
E-mail:lpj1378@163.com